AF645650

STARK

Hesse/Schrader

Der Testknacker

Logik, Mathematik und Physik in Einstellungstests verständlich erklärt

1300+ Aufgaben online

STARK

Die Autoren
Jürgen Hesse, Diplom-Psychologe und geschäftsführender Gesellschafter im *Büro für Berufsstrategie, Berlin.*

Hans Christian Schrader, Diplom-Psychologe in Baden-Württemberg.

Dr. Carsten Roelecke, Leiter Personalentwicklung bei der Polizei Bremen.

Anschrift Hesse / Schrader
Hesse / Schrader
Büro für Berufsstrategie
Wallstraße 58
10179 Berlin
Tel. 030 / 28 88 57 - 0
Fax 030 / 28 88 57 - 36
E-Mail info@hesseschrader.com

www.stark-verlag.de
1. Auflage 2019

Inhalt

Vorwort

Liebe Leserin, lieber Leser,

herzlich willkommen zur vollkommen überarbeiteten und erweiterten Auflage des *Testknackers* mit Online-Assessment. Schon die vorherigen Versionen dieses Buches haben vielen Bewerberinnen und Bewerbern geholfen, Einstellungstests sowie Assessment Center mit Logik-, Mathematik- und Physikaufgaben erfolgreich zu bestehen. *Der Testknacker* unterscheidet sich von allen anderen Testbüchern darin, dass er nicht nur Übungsaufgaben zur Testvorbereitung bietet, sondern Ihnen vor allem auch ganz genau den Weg erklärt, wie Sie auf die richtige Lösung kommen. Zu jedem Aufgabentyp gibt es allgemeine Bearbeitungstipps sowie zusätzliche Informationen zu besonders komplizierten Aufgabenstellungen.

Damit helfen wir Ihnen, das den Tests zugrunde liegende Prinzip zu erkennen, um es in der Testsituation auf konkrete Fragestellungen anwenden zu können.

Die Aufteilung dieses Buches macht einen Vergleich von Aufgaben und Lösungen sofort und ohne langwieriges Blättern und Suchen möglich: Auf der linken Seite finden Sie die zu bearbeitenden Aufgaben, rechts stehen die dazugehörigen Lösungen. Während Sie die Tests bearbeiten, können Sie so die rechte Seite mit den Lösungen abdecken und auf einem Extrablatt Ihre Lösung notieren, um sie dann mit der im Buch zu vergleichen. Und wenn Sie mit unserem Online-Assessment arbeiten, können Sie sich im Übungsmodus die Lösungswege auch bequem zur Aufgabe anzeigen lassen und dort direkt nachvollziehen.

Wir interessieren uns sehr für Ihre Testerlebnisse und Einschätzungen. Bitte schreiben Sie uns. Unsere Adresse finden Sie vorne im Buch. Natürlich stellen wir Ihren Bericht nur anonymisiert anderen Lesern zur Verfügung. Darauf können Sie sich absolut verlassen.

Wir wünschen Ihnen für die Testbearbeitung viel Erfolg!

Jürgen Hesse Hans Christian Schrader

Jetzt neu: Mit Online-Assessment

Um Ihre Fähigkeiten direkt zu testen, stehen Ihnen zusätzlich zu diesem Buch über **1300 Fragen** im **Online-Assessment** zur Verfügung.

Es stehen Ihnen zwei Optionen zur Verfügung:

- Wählen Sie „**Üben**“ so können Sie die Aufgaben ohne Zeitdruck lösen. Sie haben die Möglichkeit, sich den Lösungsweg direkt anzeigen zu lassen. Am Ende erhalten Sie eine Auswertung Ihres Ergebnisses.
- Wählen Sie „**Testen**“ müssen Sie eine Anzahl zufällig ausgewählter Fragen in einem vorgegebenen Zeitraum beantworten. Am Ende erhalten Sie eine Auswertung Ihres Ergebnisses, die Ihnen auch als pdf-Download zur Verfügung steht.

Viel Erfolg beim Testen!

Test-Tipps – Worauf es ankommt

Worauf kommt es wirklich an, wenn Sie sich in einem Eignungs- und Einstellungstest mit Aufgaben, wie sie in unserem Buch präsentiert werden, auseinandersetzen müssen? Zunächst einmal auf die richtige Vorbereitung, bei der drei Aspekte zu berücksichtigen sind:

1. die emotionale,
2. die intellektuelle und
3. die organisatorische Vorbereitung.

Was bedeutet das nun genau für Sie? Machen Sie sich mit der Prüfungssituation »Test« bereits im Vorfeld vertraut, um größtmögliche Gelassenheit zu erreichen. Dafür müssen Sie einerseits die Bereitschaft besitzen, alles dafür tun zu wollen, den Test erfolgreich zu absolvieren. Andererseits dürfen Sie Ihre Enttäuschung nicht zu groß werden lassen, wenn es Ihnen nicht auf Anhieb gelingt, den angestrebten Arbeits- oder Ausbildungsplatz zu bekommen.

Wichtig ist vor allem, dass Sie Ihr Selbstwertgefühl nicht vom Testergebnis abhängig machen. Das Testresultat ist kein »Gottesurteil« und sagt absolut nichts über Ihren Wert als Mensch und über Ihre angebliche (Nicht-)Eignung für einen Beruf bzw. für eine bestimmte Hierarchieebene aus. Es ist völlig unangebracht, test- und autoritätsgläubig zu sein. Versichern Sie sich lieber der unterstützenden Solidarität wichtiger Personen in Ihrer Umgebung und zeigen Sie einfach mal Besserwissern und Meckerern ein paar Testaufgaben mit der Aufforderung, diese doch selbst zu lösen …

Ganz wichtig ist das Sammeln von Informationen über Tests und Bewerbungsverfahren bei den für Sie interessanten Arbeitgebern. Tests kann man – wie Vieles im Leben – sehr gut üben (auch wenn man aus verständlichen Gründen von Testanwenderseite versucht, Ihnen gerade das auszureden). Falls es bei Ihnen um einen beruflichen Einstieg geht: Bewerben Sie sich doch einfach auch mal nur unter dem Aspekt, erste Erfahrungen sammeln zu wollen, um für den Test bei Ihrem Traum-Arbeitsplatzanbieter gerüstet zu sein!

Bevor wir auf die wichtigsten Bearbeitungsregeln für Testaufgaben zu sprechen kommen, erscheint es uns unbedingt notwendig, noch einmal auf Folgendes hinzuweisen: Von wissenschaftlicher Seite wird der These widersprochen, man könne vom Test- auf den Berufserfolg schließen. Es ist also, wie bereits gesagt, enorm wichtig, sein Selbstwertgefühl nicht vom Testergebnis abhängig zu machen, sondern den daraus abgeleiteten Vorhersagen kräftigst zu misstrauen. Einmal mehr muss herausgestellt werden: Nicht der Hauptteil der Bewerber und der Getesteten »fällt durch«, sondern Tests und Testentwickler sind die eigentlichen Versager.

Nun zu den wichtigsten Bearbeitungsregeln für Testaufgaben:

- Nutzen Sie die Zeit der Aufgabenerklärung zu Beginn der Tests: Verdeutlichen Sie sich das Aufgaben- und Lösungsschema, versuchen Sie, sich an ähnliche, bereits gelöste Aufgaben aus Testtrainingsbüchern zu erinnern. Fragen Sie den Testleiter bei Unklarheiten, solange dazu Gelegenheit besteht.
- Arbeiten Sie so schnell wie möglich, mit einem sinnvollen Maß an Sorgfalt.
- Beißen Sie sich nicht an schwierigen Stellen fest, Sie verlieren sonst wertvolle Bearbeitungszeit für andere, vielleicht viel leichtere Aufgaben. In der Regel sind Testaufgaben nach steigendem Schwierigkeitsgrad angeordnet.
- Sind verschiedene Antwortmöglichkeiten vorgegeben, wenden Sie bei Zweifeln bezüglich der richtigen Lösung die folgenden Strategien an:
  - Versuchen Sie, falsche Lösungen zu eliminieren, um so die richtige »einzukreisen« (Ausschlussstrategie). Es ist leichter, z. B. unter zwei verbleibenden Möglichkeiten auszuwählen als unter mehreren. (Sie kennen das Prinzip aus Quiz-Sendungen.)
  - Raten Sie notfalls lieber eine Lösung, anstatt gar nichts anzukreuzen. Aber Achtung: Bei einigen Tests – wir haben in diesem Buch an entsprechender Stelle darauf hingewiesen – können falsche Antworten mit Punktabzug bedacht werden.

Sollte es bei Ihrem nächsten Test nicht klappen, können Sie trotzdem zu den Gewinnern zählen, wenn Sie aus den Erfahrungen lernen und nicht aufgeben. Das mag zynisch klingen, ist aber Realität. Bei allem Verständnis für Mühe und Enttäuschungen heißt das oberste Bewerbungsgebot heutzutage nun einmal: durchhalten, nicht aufgeben und weiter bewerben, bis es endlich klappt!

Noch ein genereller Tipp: Nehmen Sie nur dann an Tests teil, wenn Sie sich absolut gesund fühlen und gut ausgeschlafen haben. Zusätzliche Belastungen neben dem Teststress sollten Sie möglichst vermeiden. Es ist immer besser, einen neuen Termin zu vereinbaren, als mit schlechten Vorbedingungen an den Start zu gehen. Pünktliches Erscheinen versteht sich von selbst. Wer abgehetzt zum Termin kommt, verschlechtert seine Chancen. Wichtig ist die Information über die Dauer des Tests, denn manche können bis zu acht Stunden dauern. Deshalb ist es ratsam, neben Schreibzeug auch etwas Ess- bzw. Trinkbares mitzubringen (Traubenzucker, Schokolade etc.).

In den Pausen, die es hoffentlich gibt, kann ein Gespräch mit dem sicherlich auch aufgeregten Nachbarn durchaus entspannend wirken. Nach dem Test- und Bewerbungsstress sollten Sie nicht vergessen, sich zu belohnen. (Was das sein könnte, wissen Sie sicherlich am besten.)

Einfallsgeschwindigkeit und Kreativität

Dieser Testaufgabentyp soll Rückschlüsse darauf zulassen, wie schnell und einfallsreich, wie flexibel und spontan Sie in verschiedenen Situationen reagieren – kurzum: wie schnell Ihr Kopf etwas produzieren kann. Das ist mit ein bisschen Übung durchaus gut trainierbar, insbesondere dann, wenn man durch die Aufgabenstellung nicht mehr ganz so überrascht wird.

Firmenlogos erstellen

Beim folgenden Test geht es um die Erstellung werbewirksamer Firmenlogos. Dabei sollten Sie beachten, dass Sie möglichst viele verschiedene Logos erstellen, bei denen aber immer ganz deutlich die zu verkaufende Ware und der Firmeninhaber zu erkennen sind.

Beispiel: Erstellen Sie möglichst viele Werbelogos für das Taschengeschäft des Herrn Fritz.

Aufgaben

1. Bitte erstellen Sie möglichst viele verschiedene Werbelogos für *Trudes Autozubehör.*

2. Bitte erstellen Sie möglichst viele verschiedene Werbelogos für *Harrys Fischrestaurant.*

3. Bitte erstellen Sie möglichst viele verschiedene Werbelogos für *Foto-Walter.*

Bearbeitungstipps

- Versuchen Sie so viele Logos wie möglich zu erstellen. Achten Sie auf Unterschiede. Nur minimale Änderungen zählen unter Umständen nicht als neues Logo.
- Verzichten Sie auf Details. Sie schmücken zwar das Bild, kosten jedoch nur unnötig Zeit. Arbeiten Sie mit groben Zeichnungen, ohne auf Maßstäbe zu achten. Wichtig ist, dass die Aussage des Bildes klar erkennbar ist.
- Arbeiten Sie mit bekannten Bildern. Sicherlich haben Sie sofort ein paar Assoziationen, wenn es um die Pizzeria Mario geht. Wie kann Mario aussehen? Ein paar Gesichter, eine Pizza daneben, das ganz unterschiedlich angeordnet, und schon haben Sie wieder ein paar Bilder mehr als Ihr Test-Nachbar. Merken Sie sich, dass Gesichter bei Kreativtests immer die einfachste Form sind, etwas zu erstellen oder auszudrücken.
- Arbeiten Sie bei diesem Test auch mit Schrift. Ein Logo muss nicht nur aus einem Bild bestehen, sondern kann auch (eine Kombination aus Bild und) Schrift sein. Stellen Sie Schrift vor ein Bild, darüber, darunter oder wo es gerade passt. Dabei kann die Schrift natürlich auch gebogen sein oder auf dem Kopf stehen. Beachten Sie aber: Die Aussage des Bildes muss klar erkennbar bleiben und Spielereien kosten Bearbeitungszeit!
- Obwohl es nur um skizzenhafte Zeichnungen geht, sollten Sie ein gewisses Maß an Sorgfalt walten lassen. Schludrige Zeichnungen lassen leicht auch Rückschlüsse auf eine »schlampige« Arbeitsweise zu.

Wortfindung I

Bei diesem Test sollen Ihre Sprachschöpfungsfähigkeiten ausgelotet werden. Sie bekommen einen Buchstaben genannt und sollen innerhalb von 10 Sekunden alle Substantive aufschreiben, die Ihnen spontan mit diesem Anfangsbuchstaben einfallen.

Ein Beispiel: Es wird Ihnen der Buchstabe »G« genannt. Nun haben Sie 10 Sekunden Zeit, alle mit »G« beginnenden Substantive aufzuschreiben, die Ihnen einfallen. Diese könnten z. B. sein:

- Gans
- Gänserich
- Gruppe
- Geld
- Gefahr

Bitte üben Sie diesen Test mit der Unterstützung eines Helfers, der Ihnen die Buchstaben vorgibt und die Zeit misst. Für diesen Test finden Sie keine Lösung, da Sie leicht nach Testende Ihre Ergebnisse selbst überprüfen können. Es gilt: Je mehr (richtig geschriebene!) Wörter Sie vorweisen können, desto besser.

Bei solchen Aufgaben haben Sie üblicherweise sehr wenig Zeit, hier: pro Buchstabe 30 Sekunden.

Aufgaben

1. Alle Substantive mit den Anfangsbuchstaben:

- S
- P
- G
- A
- T

2. Alle Verben mit den Anfangsbuchstaben:

- B
- R
- F
- L
- G

Bearbeitungstipps

Wenn Sie folgende Tipps beachten, wird es Ihnen in Zukunft leichterfallen, diesen Aufgabentyp erfolgreich zu lösen:

- Versuchen Sie möglichst kurze Wörter zu finden. Dies verkürzt die Zeit, die Sie benötigen, um die Wörter (richtig) aufzuschreiben, und verbessert Ihr Ergebnis.
- Lernen Sie zu (seltenen) Buchstaben Wörter auswendig, wenn Sie beim Üben feststellen, dass Ihnen spontan zu wenige Wörter einfallen.
- Schönschrift ist nicht gefragt, jedoch sollten Sie darauf achten, dass Ihre Schrift trotz Zeitdruck leserlich bleibt. Schlimmstenfalls können sonst Testergebnisse nicht gewertet werden.
- Üben Sie gezielt Schwachpunkte! Dies gilt nicht nur für diesen, sondern für alle Tests in diesem Buch. Es nutzt Ihnen nichts, wenn Sie in Kreativitätstests fantastische Ergebnisse erzielen, jedoch in Mathematik null Punkte und deswegen keinen Arbeits- oder Ausbildungsplatz bekommen. Alle Tests sind trainier- und lernbar!

Wortfindung II – Anfangs- und Endbuchstaben

Eine weitere Variante ist es, Ihnen nicht nur den Anfangs-, sondern auch den Endbuchstaben vorzugeben. Denken Sie sich jetzt z. B. Wörter mit dem Anfangsbuchstaben S und dem Endbuchstaben N aus (z. B. sagen, Süden, Südwesten etc.).

Alle Wortklassen (Substantive, Verben, Adjektive etc.) und ihre Abwandlungen sind erlaubt. Auch Eigen- und Städtenamen gelten. Sämtliche Wörter, wie sie in Zeitungen und Büchern Verwendung finden, zählen auch als richtige Lösung. Nicht zugelassen sind Fremdsprachen, Wortneubildungen und Dialekte.

Für jede Aufgabe haben Sie jetzt 1 Minute Zeit.

Aufgaben

1. Anfangsbuchstabe B — Endbuchstabe E (z. B. Blase)
2. Anfangsbuchstabe M — Endbuchstabe N
3. Anfangsbuchstabe A — Endbuchstabe N
4. Anfangsbuchstabe S — Endbuchstabe T
5. Anfangsbuchstabe E — Endbuchstabe L
6. Anfangsbuchstabe K — Endbuchstabe R
7. Anfangsbuchstabe G — Endbuchstabe N
8. Anfangsbuchstabe M — Endbuchstabe E
9. Anfangsbuchstabe S — Endbuchstabe D
10. Anfangsbuchstabe T — Endbuchstabe E
11. Anfangsbuchstabe R — Endbuchstabe R
12. Anfangsbuchstabe F — Endbuchstabe N
13. Anfangsbuchstabe O — Endbuchstabe E
14. Anfangsbuchstabe L — Endbuchstabe N

Bearbeitungstipps

- Entspannen Sie sich! Sie haben hier doppelt so viel Zeit zur Verfügung wie im Test »Wortfindung I« und können – zumindest etwas – länger nachdenken. Auch hier sollten Sie etwas Zeit in die Vorbereitung stecken. Üben Sie diesen Test, gerade wenn Sie damit Probleme haben.
- Versuchen Sie Abwandlungen der Wörter zu finden, die Ihnen schon eingefallen sind. Häufig denkt man spontan an ein passendes Wort, und ein ähnlich klingendes schwebt im Hintergrund. Schreiben Sie alle Wörter auf, auch wenn die Unterschiede nur marginal sind.
- Eventuell passt auch die Mehrzahl. Ein Beispiel: Anfangsbuchstabe M und Endbuchstabe N. »Magen«, »Mägen«.

Ferner gelten hier auch die Testtipps von Teil 1 (siehe Seite 17).

Wortfindung III – Wortergänzungen

Noch eine weitere Aufgabe, mit der Ihre Sprachkenntnisse und Ihr Assoziationsvermögen getestet werden, ist die Variante, Ihnen nur Wortanfänge zu präsentieren, die Sie möglichst vielfältig ergänzen sollen.
Beispiel: Der vorgegebene Wortanfang lautet »Teil …«

- Teil*ung*
- Teil*haber*
- Teil*weise*

Analog unserem Beispiel sollen Sie nun die folgenden Wortanfänge sinnvoll ergänzen. Dabei ist es egal, um welche Wortart es sich handelt (Substantive, Verben …). Für die folgenden Wortanfänge haben Sie pro Wortgruppe nur 30 Sekunden Zeit.

Aufgaben

Wagen ________	Wagen ________	Wagen ________
Wagen ________	Wagen ________	Wagen ________
Wagen ________	Wagen ________	Wagen ________
Wagen ________	Wagen ________	Wagen ________
Wagen ________	Wagen ________	Wagen ________

Kriminal ________	Kriminal ________	Kriminal ________
Kriminal ________	Kriminal ________	Kriminal ________
Kriminal ________	Kriminal ________	Kriminal ________
Kriminal ________	Kriminal ________	Kriminal ________
Kriminal ________	Kriminal ________	Kriminal ________

Flug ________	Flug ________	Flug ________
Flug ________	Flug ________	Flug ________
Flug ________	Flug ________	Flug ________
Flug ________	Flug ________	Flug ________
Flug ________	Flug ________	Flug ________

Reifen ________	Reifen ________	Reifen ________
Reifen ________	Reifen ________	Reifen ________
Reifen ________	Reifen ________	Reifen ________
Reifen ________	Reifen ________	Reifen ________
Reifen ________	Reifen ________	Reifen ________

Rasen ________	Rasen ________	Rasen ________
Rasen ________	Rasen ________	Rasen ________
Rasen ________	Rasen ________	Rasen ________
Rasen ________	Rasen ________	Rasen ________
Rasen ________	Rasen ________	Rasen ________

Bearbeitungstipps

- Nutzen Sie Wortabwandlungen! Sollen Sie z. B. zu »Auto« weitere Ergänzungen finden und kommen auf »Auto*matik*«, so können Sie z. B. »Automatik*tür*«, »Auto*matisch*«, »Auto*mat*« o. Ä. einfügen. Dies sind für Sie schnell gemachte Punkte, ohne dass Sie wirklich nachdenken mussten.
- Denken Sie auch wieder an die Mehrzahl und beachten Sie die Bearbeitungstipps vom ersten und zweiten Teil (siehe Seite 17 und 19).

Zahlenmuster aufstellen

Bei diesem Test wird Ihr logisches Denkvermögen gefordert. Sie sollen nun möglichst verschiedene Zahlenmuster erstellen, die nach möglichst unterschiedlichen Rechenregeln aufgebaut sind. Hierzu zwei Beispiele:

2	4	6	8
4			6
6			4
8	6	4	2

4	5	6	7
5			6
6			5
7	6	5	4

Bei diesem Test ist es wichtig, dass Sie möglichst viele unterschiedliche Zahlenfolgen erstellen. Diese sollten, um Zeit zu sparen, möglichst einfach aufgebaut sein. Nehmen Sie z. B. immer erst alle geraden, dann alle ungeraden Zahlen (wie im obigen Beispiel), bevor Sie sich kompliziertere Reihen ausdenken. Da wir Ihnen bei diesem Test keine Lösung anbieten können, sollten Sie ausreichend üben, um bei Ihrem Einstellungstest schon »ein paar Reihen« im Kopf griffbereit zu haben.

Erstellen Sie nun möglichst viele verschiedene Zahlenreihen für die folgenden Kästchen. Für 12 Felder haben Sie 3 Minuten Zeit.

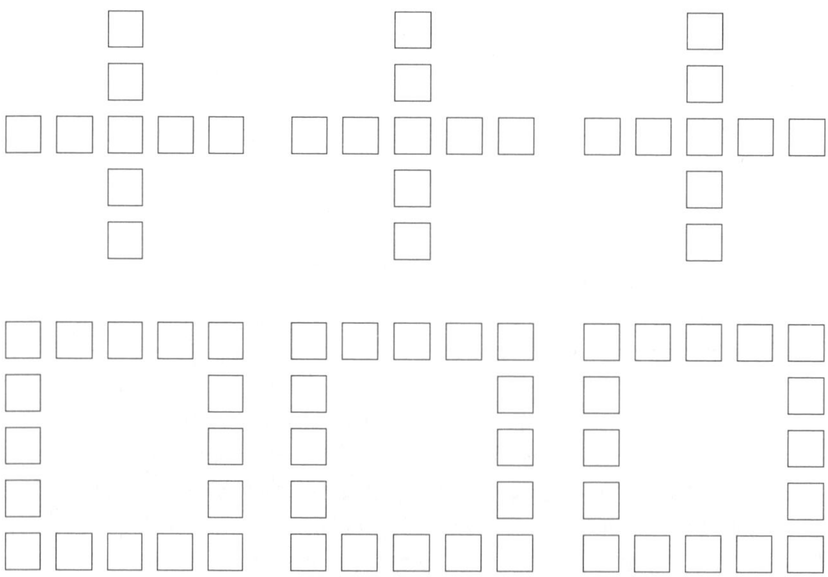

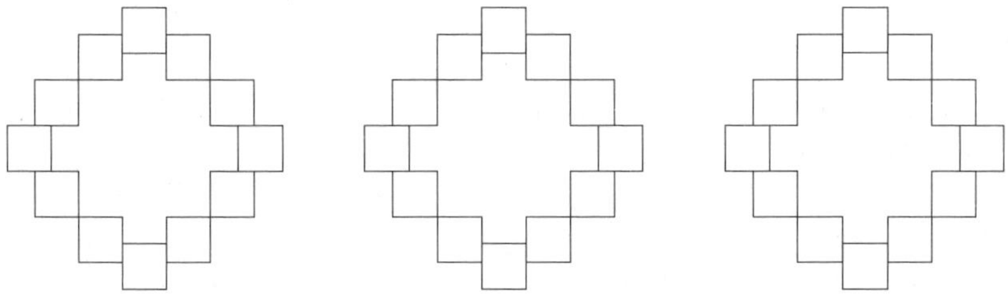

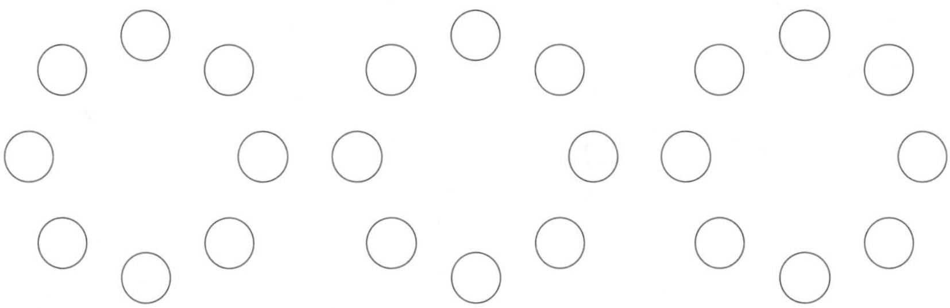

Bearbeitungstipps

- Verwenden Sie einfache Zahlenmuster, z. B.:
  »+ 1 + 1 + 1 + 1« usw. Sie ersparen sich aufwendige Rechnungen, vermeiden Fehler und gewinnen Zeit. Aber: Die Rechenoperationen sollten ein richtiges Ergebnis vorweisen können. Nichts macht einen schlechteren Eindruck, als sich bei einfachsten Operationen grob zu verrechnen / verschreiben!
- Nehmen Sie bevorzugt einstellige Zahlen. Auch dies bringt Ihnen Zeit nachzudenken, wenn Ihnen zwischendurch mal nichts mehr einfällt.
- Vermeiden Sie aufwendige Rechenoperationen.
  »+ 47 – 13 · 2« zeugt zwar von Kreativität und Kopfrechenkünsten, bringt Ihnen aber nichts, wenn Sie am Ende nur zwei von 12 Aufgaben (korrekt) gelöst haben.
- Wechseln Sie zwischen geraden und ungeraden Zahlen (siehe Beispiele). Sie erhalten dadurch einfache Aufgaben, die schnell aufzuschreiben sind.

Gedächtnis und Merkfähigkeit

Wie steht es um Ihre Merkfähigkeit? Oder nennen Sie es Gedächtnisleistung. *Glücklich ist, wer vergisst …* gilt hier nicht! Im folgenden Abschnitt unseres Vorbereitungsbuches werden wir Ihnen bekannte und neue Merkfähigkeitstests vorstellen, so wie sie in Auswahlverfahren häufig zum Einsatz kommen. Und wieder gilt: Übung macht den Meister.

Wörter merken

Bei diesem Test ist Ihr Kurzzeitgedächtnis gefordert. Sie haben in der Regel eine halbe Minute Zeit, um sich die vorliegenden Wörter einzuprägen, die Sie dann wieder (manchmal in einer vorgegebenen Reihenfolge) aufschreiben müssen.

Prägen Sie sich jetzt die Begriffe innerhalb von 1 Minute ein. Decken Sie dann diese Seite ab.

- Wort
- Zeit
- Goldfisch
- Haus
- Armageddon
- Kübel
- Radar
- Spaceshuttle
- Schlüsselbein
- Rotwein
- Straßenbahn
- Scanner
- Hut
- Film
- Stadtstreicher
- Turbodiesel
- Treppe
- Schublade
- Uhr
- Tonne

Bearbeitungstipps

Wenn Sie mit einer Aufgabe konfrontiert werden, bei der es um das Auswendiglernen von bestimmten Begriffen geht, geschieht das meistens in zwei Formen: der freien Auswahl, wo Sie in beliebiger Reihenfolge die Begriffe reproduzieren können, oder in bestimmter Reihenfolge. Die erste Form ist dabei die einfachere. Geht die Abfrage z. B. alphabetisch vonstatten, so ist es wichtig, sich zu merken, in welcher Gruppe der von Ihnen memorierte Begriff mit dem Anfangsbuchstaben A (und dann B, C, usw.) war.

Versuchen Sie immer, die zu lernenden Wörter über Eselsbrücken miteinander in Verbindung zu bringen. So wird es Ihnen leichter fallen, sich an mehrere Wörter zu erinnern, als wenn Sie diese nur krampfhaft auswendig lernen.

Ein Beispiel: In einem *Film* spielt ein *Stadtstreicher* mit einem *Hut* und einer Flasche *Rotwein* mit, der *Straßenbahn* fährt.

Auf diese Weise haben Sie sich ganz leicht bereits fünf Wörter gemerkt. Auch wenn Ihnen das Bauen solcher Eselsbrücken anfangs noch schwerfällt,

Schreiben Sie jetzt alle Wörter auf, die Sie sich eben gemerkt haben. Sie haben für 20 Wörter eineinhalb Minuten Zeit.

1. ____________	11. ____________
2. ____________	12. ____________
3. ____________	13. ____________
4. ____________	14. ____________
5. ____________	15. ____________
6. ____________	16. ____________
7. ____________	17. ____________
8. ____________	18. ____________
9. ____________	19. ____________
10. ____________	20. ____________

Vergleichen Sie jetzt Ihre Wörter mit den Ausgangswörtern. Wie viele konnten Sie sich korrekt merken? Ab 16 sind Sie schon sehr gut.

sollten Sie diese Form einige Male üben. Sie werden sehen, dass sich Ihre Lernergebnisse von Übungsdurchgang zu Übungsdurchgang steigern werden.

Ähnlich sieht die Sache aus, wenn es darum geht, dass Sie nach bestimmten Anfangsbuchstaben gefragt werden, z. B. »Wie hießen die Wörter mit dem Anfangsbuchstaben F?« Rekapitulieren Sie wieder Ihre gelernten Brücken, und Sie werden sehr schnell alle Wörter aufschreiben können. Eine andere Mnemotechnik hilft Ihnen auch, sich bei gruppenweisen Aufgabenstellungen diese mithilfe eines Kunstwortes einzuprägen.

Ein Beispiel: Sie bekommen eine Gruppe »Beruf« angeführt, deren Inhalt Sie lernen sollen: Eismann, Imker, Nachtwächter, Pfarrer und Uhrmacher.

Sie lernen nun nicht die einzelnen Begriffe, sondern kreieren aus den Anfangsbuchstaben ein Kunstwort »EINPU«, das Sie mit den Berufen assoziieren. Sie können dann die Buchstaben entsprechend schnell wie bereits beschrieben zuordnen, nämlich indem Sie springen.

Zahlenpaare merken

Bei dieser Testaufgabe kommt es darauf an, dass Sie sich eine bestimmte Anzahl von Zahlenpaaren einprägen. Nach einigen Minuten Merkzeit müssen Sie anhand der linken Zahl die richtige rechte aus einem Zahlenfeld von fünf Zahlen wiedererkennen. Diese Zahl markieren Sie dann bitte mit einem geraden, waagerechten Strich. Achtung: Die Reihenfolge der Zahlenfelder ist nicht mit der der Zahlenpaare identisch. Decken Sie zunächst die rechte Seite in diesem Buch ab und legen Sie los, Sie haben 2 Minuten Zeit, sich die Zahlenpaare einzuprägen!

a) 45 – 743

b) 83 – 012

c) 11 – 085

d) 77 – 358

e) 13 – 999

f) 84 – 629

g) 28 – 329

h) 46 – 783

i) 96 – 474

j) 82 – 001

k) 16 – 248

l) 66 – 911

Identifizieren Sie nun die eben gemerkten Zahlenpaare. Decken Sie vorher unbedingt die linke Seite ab.

84 –	745	628	112	452	629
83 –	012	678	565	637	986
96 –	845	474	666	132	087
16 –	976	667	248	452	811
11 –	111	723	810	894	085
45 –	743	734	853	642	841
82 –	001	765	932	010	764
66 –	911	752	134	532	671
13 –	643	965	245	999	535
77 –	947	532	358	865	614
46 –	252	521	783	445	245
28 –	564	643	329	642	532

Es dürfte Ihnen leichtfallen, die richtige Lösung selbst zu überprüfen. 9 richtige Lösungen sollten Sie in jedem Fall erreichen.

Bearbeitungstipps

Während Sie sich beim Test »Wörter merken« noch gut mit Eselbrücken behelfen konnten, werden Sie hier vermutlich vor größeren Problemen stehen. Versuchen Sie aber trotzdem, Ihr erprobtes System von Mnemotechniken beizubehalten. Sie werden sehen, dass Sie sich auch hier wieder Brücken bauen können, um sich die Zahlen zu merken.

Beachten Sie dabei: Das Gehirn ist nichts anderes als ein Muskel, der trainiert werden will! Alles ist schwer, bevor es einem leichtfällt!

Logik und Konzentration

Hierbei geht es weniger um Geschwindigkeit als um Nervenstärke, Konzentration, logisches Denkvermögen und Abstraktionsfähigkeit. Richtig kombinieren … das alles kann man gut trainieren, glauben Sie uns, versuchen Sie es und Sie werden es merken! Vor allem aber halten Sie durch beim Nachdenken, geben Sie nicht auf, denn die Lösung ist meist näher, als man glaubt. Ein bisschen Übung hilft, den Dingen, also der richtigen Lösung, auf die Spur zu kommen!

Buchstabengruppen fortsetzen

Bei diesem Aufgabentyp müssen Sie herausfinden, welche Buchstabengruppe (a, b, c, d oder e) nicht nach der selben Regel wie die vier anderen Gruppen zusammengesetzt ist.

1. Aufgabe	**a**	**b**	**c**	**d**	**e**
	CBAZ	PONM	UTSR	IHGF	ECBA

2. Aufgabe	**a**	**b**	**c**	**d**	**e**
	YXVW	TSQR	NOLM	HGEF	EDBC

3. Aufgabe	**a**	**b**	**c**	**d**	**e**
	MPSV	ADGJ	ORUX	ADGJ	NQTV

4. Aufgabe	**a**	**b**	**c**	**d**	**e**
	ORUX	ADGJ	MPSV	ILOR	LORT

Bearbeitungstipps
Bei vielen solcher Tests bekommen Sie schon ein Alphabet zur Verfügung gestellt, anhand dessen Sie die Abstände der einzelnen Buchstaben abzählen können. Nutzen Sie diese Übungsmöglichkeit! Bekommen Sie keines,

Lösungen

1. Aufgabe Gruppe e

Das Alphabet wird hier rückwärts präsentiert. In der Gruppe e ist daher der Anfangsbuchstabe E falsch, denn es müsste eigentlich D sein.

2. Aufgabe Gruppe c

Die Reihe wird jeweils begonnen, indem vom im Alphabet am weitesten hinten stehenden Buchstaben – bei Lösung a ist das das Y – ein Buchstabe nach vorne – hier also zum X – gegangen wird. Danach wird der übernächste Buchstabe genommen – hier das V – und wieder ein Schritt im Alphabet Richtung Z gegangen. Die Reihenfolge ist also: – 1, – 2, + 1. Bei Lösungsvorschlag c trifft diese Regel nicht zu.

3. Aufgabe Gruppe e

Der Aufbau der Buchstabengruppen folgt immer dem Muster »+ 3 + 3 + 3«. Gruppe e tut dies nicht und fällt damit aus der Regelmäßigkeit heraus.

4. Aufgabe Gruppe e

Der Aufbau der Buchstabengruppe folgt immer dem Muster »+ 3 + 3 + 3«. Gruppe e tut dies nicht und fällt damit aus dem Rahmen.

fragen Sie besser nicht nach, sondern schreiben Sie sich ein Alphabet auf. Das bisschen Zeit, das Sie dafür benötigen, holen Sie später durch eine schnellere Bearbeitung der Aufgaben locker wieder rein. Schreiben Sie sich die Stelle, an der die Buchstaben im Alphabet stehen, über die Buchstaben. Sie können so, wie in unseren Lösungen betrachtet, die Aufgaben »mathematisch« lösen, also mit »+ 4 – 3 + 2« usw.

Buchstabenreihen fortsetzen

Sicherlich haben Sie schon von einem Test gehört, bei dem Sie Zahlenreihen fortsetzen sollen. Dieser Test ist ähnlich aufgebaut, hier sollen Sie jedoch Buchstabenreihen fortsetzen. Die Schwierigkeit liegt darin, dass sich bei Zahlenreihen schneller Regelmäßigkeiten erkennen lassen als bei Buchstabenreihen. Um sich die Lösung zu vereinfachen, sollten Sie sich in Ihrem Einstellungstest als Erstes das gesamte Alphabet aufschreiben und darunter die jeweils zugehörige Position im Alphabet. In diesem Fall haben wir Ihnen dies abgenommen:

A	**B**	**C**	**D**	**E**	**F**	**G**	**H**	**I**	**J**	**K**	**L**	**M**	**N**	**O**	**P**	**Q**	**R**	**S**	**T**	**U**	**V**	**W**	**X**	**Y**	**Z**
1	2	3	4	5	6	7	8	9	10	11	12	13	14	15	16	17	18	19	20	21	22	23	24	25	26

Nachfolgend finden Sie vier Aufgaben. Rechnen Sie im Test auch mit Abwandlungen. So kann es durchaus sein, dass Sie die Buchstabenreihe nicht nur um einen, sondern um zwei, drei oder sogar mehr Buchstaben ergänzen sollen. Auch dass Sie innerhalb einer Buchstabenreihe Buchstaben ergänzen sollen, ist denkbar. Bitte ergänzen Sie die Buchstabenreihen jeweils um einen Buchstaben:

1. Aufgabe B D F H J L _

2. Aufgabe O P R U Y D _

3. Aufgabe T P S _ Q T V

4. Aufgabe X _ U S U P N P K

Lösungen

Bearbeitungstipps
Es gelten die gleichen Bearbeitungstipps wie beim Test »Buchstabengruppen fortsetzen« (siehe Seite 32).

1. Aufgabe N
(+ 2)

2. Aufgabe J
(+ 1 + 2 + 3 + 4 + 5 + 6)

3. Aufgabe U
(– 4 + 3 + 2)

4. Aufgabe Z
(+ 2 – 5 – 2)

Dominoreihen

Dominoreihen sind ein beliebter Test, um Ihr logisches Denkvermögen zu prüfen – und ganz nebenbei zu testen, wie Sie einfache Rechenoperationen unter Zeitdruck ausführen. Es gilt, den Platz des leeren Dominosteins mit demjenigen zu füllen, der logisch in die Reihe passt.

1. Aufgabe

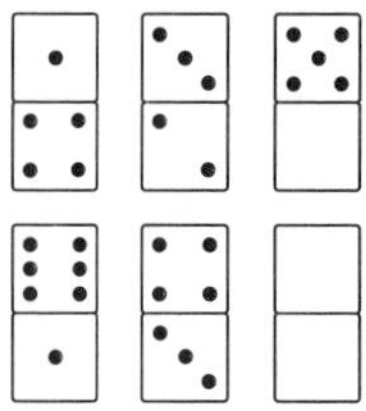

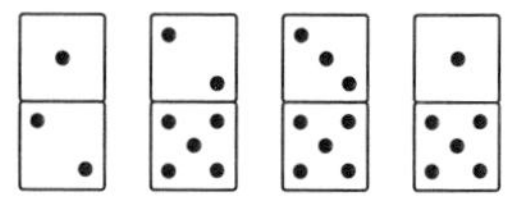

a b c d

2. Aufgabe

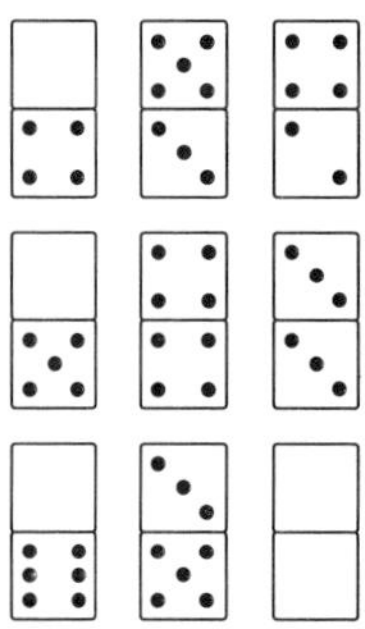

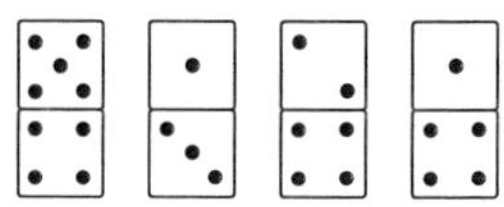

a b c d

Lösungen

1. Aufgabe b

In der ersten Reihe wird zur Augenzahl der oberen Felder immer 2 addiert, in der unteren Reihe der Dominosteine wird immer 2 subtrahiert. In der zweiten Dominoreihe ist es genau umgekehrt. Deshalb ist die Lösung b hier die richtige.

Alternativer Lösungsweg: In der oberen Dominoreihe ergibt die Gesamtaugenzahl immer 5, in der unteren 7. Daher bleibt nur die Lösung b übrig.

2. Aufgabe c

Die Dominoreihen können auch von oben nach unten gelesen werden, wobei die Zahlenreihe jeweils dem System »– 1« oder »+ 1« folgt. Das erste Feld ist leer und kann außer Acht gelassen werden.

Erste Spalte, oben: 0 – 0 – 0	unten: 4 – 5 – 6
Zweite Spalte, oben: 5 – 4 – 3	unten: 3 – 4 – 5
Dritte Spalte, oben: 4 – 3 – (2)	unten: 2 – 3 – (4)

Alternativer Lösungsweg: Senkrecht gelesen vermindert sich die Augenzahl der oberen Felder immer um 1. Zur Augenzahl der unteren Felder wird immer 1 addiert. Dadurch ergibt sich Lösung c.

3. Aufgabe

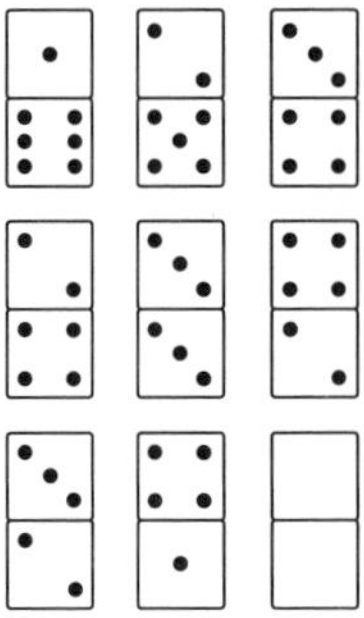

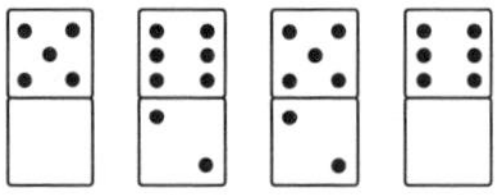

a b c d

Bearbeitungstipps

Dominoreihen sehen komplizierter aus, als sie in Wirklichkeit sind, denn eigentlich handelt es sich um einfachste Rechenaufgaben (die sozusagen mit den Fingern abzuzählen sind).

Wichtig ist, dass Sie sich zunächst einmal die Abfolge der oberen Felder einer Dominoreihe anschauen. Wie verhalten sich die Punkte (Zahlen) zueinander? Meistens wird addiert oder subtrahiert (1, 2, 3 oder 2, 4, 6 etc., aber auch 5, 4, 3 Punkte sind das simpelste System einer Reihe). In der nächsten Reihe Dominosteine im oberen Feld geht es meistens ähnlich zu. Und in der dritten Reihe ist der letzte Dominobau-

3. Aufgabe a

Die oberen Zahlen nehmen fortlaufend zu:	1 – 2 – 3
	2 – 3 – 4
	3 – 4 – (5)
Die unteren Zahlen nehmen fortlaufend ab:	6 – 5 – 4
	4 – 3 – 2
	2 – 1 – (0)

Alternativer Lösungsweg: Senkrecht gelesen wird zur Augenzahl der oberen Felder der Dominosteine immer 1 addiert, von den unteren wird immer 2 subtrahiert. Dadurch ergibt sich Lösung a.

stein dann von Ihnen aus einer vorgegebenen Lösungsanzahl auszuwählen.

Haben Sie sich die oberen Felder einer ersten, zweiten und dritten Reihe angeschaut, die übrigens nicht notwendigerweise logisch aneinander anschließen müssen, machen Sie das mit den unteren Feldern genauso. Auch hier muss der dritte Dominostein einer Reihe sich nicht an den ersten der folgenden Reihe logisch anschließen (er könnte es aber).

In manchen Dominoreihen werden die Zahlensymbole einfach nur von links nach rechts vertauscht. Ist die Abfolge 5, 2, 3, wandert zunächst die 2 nach vorne, und wir haben 2, 5, 3. Danach wandert die 3, das ergibt 3, 2, ?, ein leeres Feld, das jetzt die 5 tragen müsste.

Andererseits können die Zahlensymbole auch durch einfache Rechenoperationen entstehen. So werden z. B. die Zahlen der ersten beiden Felder addiert und ergeben die Zahl des dritten Feldes.

Mit ein bisschen Übung haben Sie rasch alle Möglichkeiten geknackt und mithilfe der Ausschlussmethode (welcher Lösungsvorschlag kommt garantiert nicht infrage?) schnell die Lösungsmöglichkeiten eingegrenzt.

Figurenreihen fortsetzen

Mit welcher Auswahlfigur unten (a, b, c, d oder e) kann man die Figurenreihe oben richtig fortsetzen?

1. Aufgabe

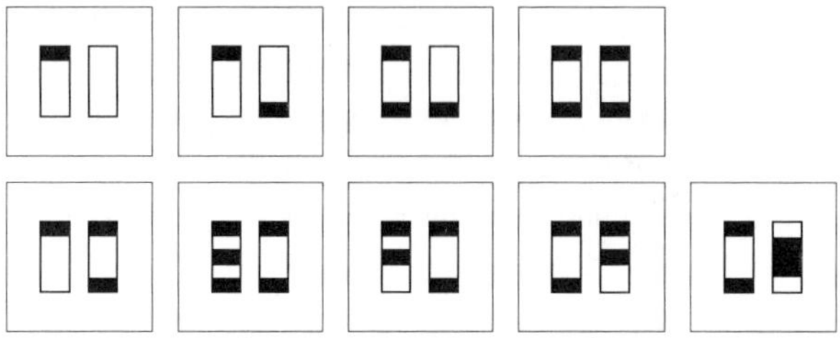

a b c d e

2. Aufgabe

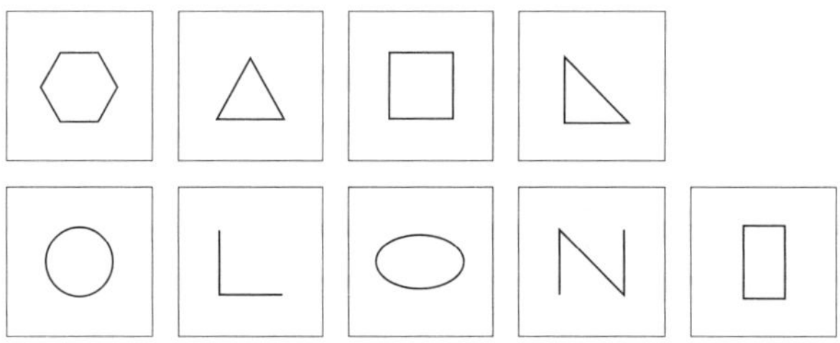

a b c d e

3. Aufgabe

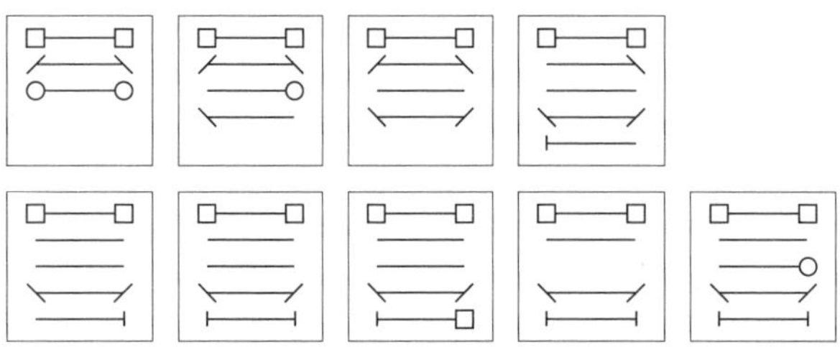

a b c d e

Bearbeitungstipps

Siehe Seite 68.

Lösungen

1. Aufgabe b

Hier werden in die Rechtecke schwarze Balken eingefügt: Erst in das linke oben, dann in das rechte unten, dann in das linke unten und im vierten Bild rechts oben. Die Fortsetzung kann nur wie bei Lösungsvorschlag b erfolgen.

2. Aufgabe e

Alle abgebildeten Symbole kommen nur einmal vor. Dabei wechseln sich Dreiecke und Figuren mit mehr als drei Ecken ab. Somit kann nur Lösung e richtig sein.

3. Aufgabe b

Der Strich mit den beiden Quadraten bleibt konstant. In der zweiten und dritten Reihe von oben wird etwas entfernt. In der 4. und 5. Reihe von oben kommt etwas hinzu. Nachdem in der zweiten Reihe eine Seitenbegrenzung entfernt wurde, wird im Folgebild (Lösungsbild) die gegenüberliegende Seitenbegrenzung entfernt.

Nachdem in der dritten Zeile begonnen wurde, eine Seitenbegrenzung zu entfernen, wird die gegenüberliegende Seitenbegrenzung im Folgebild entfernt. Nachdem in der 4. Zeile mit einer Seitenbegrenzung begonnen wurde, wird im Folgebild die gegenüberliegende Seite begrenzt. Nachdem in der 5. Zeile mit einer Seitenbegrenzung begonnen wurde, wird im Folgebild die gegenüberliegende Seitenbegrenzung hinzugefügt (Lösungsbild).

Flussdiagramme

In einem Flussdiagramm (oder »Ablaufdiagramm«) wird eine Reihe von Problemstellungen und möglichen Lösungswegen schematisch dargestellt. Zur Problemlösung gelangen Sie, indem Sie den Pfeilen des Flussdiagramms Schritt für Schritt folgen und das Schema verstehen. Die »Bausteine« (Felder) des Flussdiagramms können sein: Handlungsschritte, Fragen, Antworten.

Ihre Aufgabe ist es, für die nummerierten ovalen »Bausteine« (Felder) aus einer vorgegebenen Lösungsmenge a – e jeweils den richtigen Text auszuwählen, sodass das gesamte Flussdiagramm einen stimmigen Problemlösungsablauf aufzeigt.

Sie finden also zu den lediglich mit einer Ziffer versehenen ovalen »Bausteinen« (Feldern) jeweils fünf aus Texten bestehende Lösungsvorschläge (a, b, c, d, e), von denen nur einer richtig ist. Diesen gilt es für jeden nummerierten »Baustein« (1 – 3) logisch richtig herauszufinden. Nochmals: Nur jeweils eine Lösung (für einen »Baustein«) ist richtig.

1. Aufgabe Badewanne

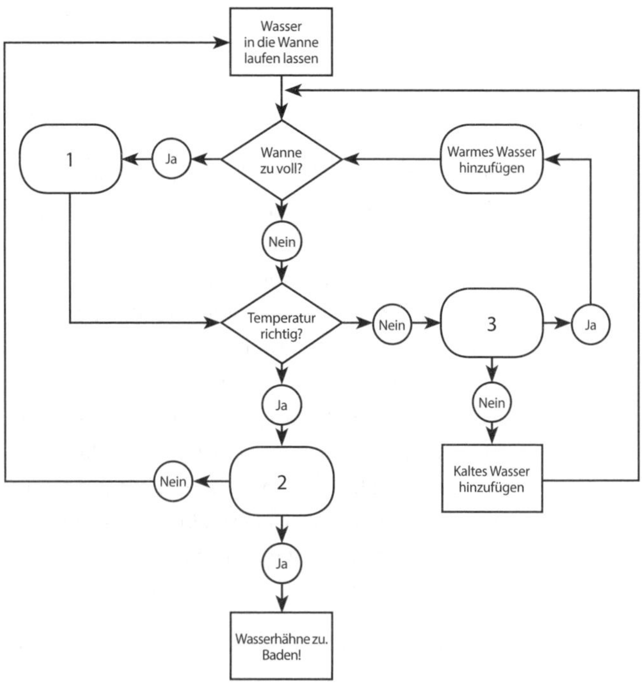

Lösungen

1. Aufgabe

Lösungen und Begründungen finden Sie auf der folgenden Lösungsseite.

Bearbeitungstipps

Es ist nur allzu verständlich, wenn Sie einen starken Widerstand gegen diese Art verwirrender, ungewohnter Aufgaben spüren. Gleichwohl sind Sie in einer Auswahlsituation häufig mit diesem Aufgabentypus konfrontiert und müssen bemüht sein, die Aufgabe optimal zu lösen. Haben Sie erst einmal Ihre Abneigung überwunden, werden Sie feststellen, dass solche Aufgaben im Grunde viel leichter zu lösen sind, als es auf den ersten Blick scheint. Geben Sie nicht auf und beschäftigen Sie sich mit den Aufgaben in Ruhe. Die Aufgaben werden in einer Testsituation meist nicht schwerer, sondern nur komplexer. Das größte Problem steckt in der Überwindung der psychischen Abneigung gegen derartige Aufgaben. Auch wenn wir zu diesem Aufgabentypus kein Patentrezept haben:

Übung macht den Meister!

Als genereller Hinweis ist festzustellen: Kommen zwei Pfeile, Ja oder Nein, so muss es sich bei der richtigen Lösungsmöglichkeit um eine Frage handeln, die auch mit Ja oder Nein sinnvoll beantwortet werden kann. Geht es nur zu einem anderen Kasten weiter, so muss es sich auch um eine Aussage handeln und nicht um eine Frage. Achten Sie bei der Beantwortung der Flussdiagramme darauf, so sparen Sie wertvolle Zeit!

1. Aufgabe Badewanne

Mit der Vorbereitung eines Bades kennen Sie sich aus. Sie müssen warmes und kaltes Wasser in die Wanne laufen lassen, die Temperatur überprüfen, gegebenenfalls Wasser ab- oder weiteres warmes oder kaltes Wasser zulaufen lassen, um dann endlich baden zu können.

Im obigen Flussdiagramm ist das Problem schematisch dargestellt. Zunächst wird Wasser in die Wanne gelassen, dann muss man entscheiden, ob die Wanne zu voll ist, die Temperatur überprüfen usw.

Welcher Text gehört in die Bausteine 1, 2, 3, damit das Flussdiagramm logisch richtig vervollständigt ist?

1. Welcher Text gehört in den ovalen Baustein 1?

a) Warmes Wasser hinzufügen
b) Kaltes Wasser hinzufügen
c) Wanne zu voll?
d) Etwas Wasser ablaufen lassen
e) Zusätzliches Wasser hinzufügen

2. Welcher Text gehört in den ovalen Baustein 2?

a) Wanne zu voll?
b) Wanne voll genug?
c) Wanne zu leer?
d) Temperatur ist zu kalt
e) Temperatur ist richtig

3. Welcher Text gehört in den ovalen Baustein 3?

a) Wasser zu kalt?
b) Wasser zu warm?
c) Wanne zu voll?
d) Wanne ist voll
e) Wasser ablaufen lassen

1. Aufgabe

1. d)

Lösung c) kann es nicht sein, denn in diesem Feld kann keine Frage kommen. Die Lösungen a), b) und e) scheiden auch aus, da die ja eben als zu voll erkannte Wanne überlaufen würde.

2. b)

Die Lösungen d) und e) scheiden aus, weil das Feld eine Frage beinhalten muss (schließlich folgt ein »Ja« oder »Nein«). Auch Lösung a) scheidet aus, denn die Wanne kann nicht zu voll sein, das wird bereits am Anfang überprüft (»Wanne zu voll?«). c) kann ebenfalls nicht die richtige Lösung sein, denn das führt ja dazu, die Wasserhähne zu schließen und zu baden. Also kann die Wanne nicht leer sein.

3. a)

Lösungen d) und e) entfallen, weil sie keine Fragen sind. Lösung c) scheidet aus, denn dies wurde bereits überprüft. Lösung b) ist ebenfalls falsch, weil man bei zu warmem Wasser kein zusätzliches warmes Wasser hinzufügen würde.

2. Aufgabe **Einbruch.** Ein Einbrecher will in der Villa von Professor Witzig den Safe knacken. Der Professor hat einen Butler, Herrn Riese, der im Nebenhaus wohnt.

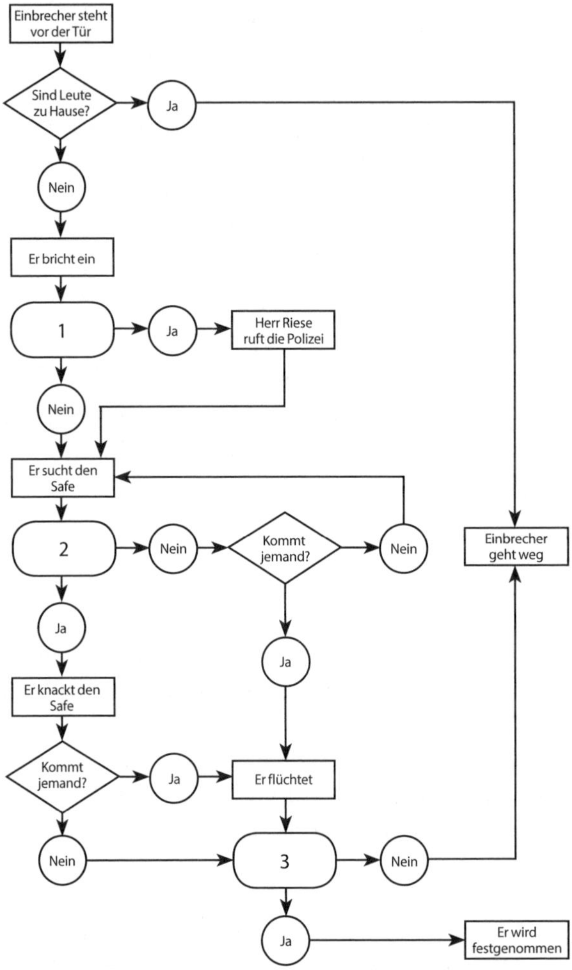

1. Welcher Text gehört in den ovalen Baustein 1?
a) Hat der Butler ihn gehört?
b) Ist er leise genug gewesen?
c) Hat er den Weg zum Safe gefunden?
d) Hat er seine Tat bereut?
e) Hat er sein Einbrecherwerkzeug mit?

2. Aufgabe 1. a)

Der Schlüssel zur Lösung ist die Aussage »Herr Riese ruft die Polizei«. Wenn der Einbrecher leise genug gewesen wäre (Lösung b)), hätte niemand im Haus etwas von ihm mitbekommen, und es hätte keinen Anlass gegeben, die Polizei zu rufen. Daher scheidet diese Lösung aus. Die Frage, ob er den Safe gefunden hat, passt zwar zur Aussage, dass der Safe gesucht wird, nicht aber zum Rufen der Polizei. Die Vermutung, dass der Einbrecher seine Tat bereut und sich nun Herrn Riese stellt und dieser die Polizei ruft, ist zu weit hergeholt. Es ist nicht erlaubt, zwei Schritte weiter zu denken (also a) er bereut die Tat und b) er redet mit Herrn Riese darüber, der dann anschließend c) die Polizei ruft). Ob der Einbrecher sein Werkzeug mit hat, ist für das Rufen der Polizei völlig unerheblich. Es bleibt also Lösung a): Wenn der Butler den Einbrecher gehört hat, ruft er die Polizei, wenn nicht, kann der Einbrecher den Safe suchen.

2. Aufgabe

2. Welcher Text gehört in den ovalen Baustein 2?
a) Hat er Schnupfen?
b) Der Safe ist nicht da
c) Hat er zu viel Lärm gemacht?
d) Hat er den Safe gefunden?
e) Er will flüchten

3. Welcher Text gehört in den ovalen Baustein 3?
a) Hat er alles eingesteckt?
b) Steht die Polizei vor dem Haus?
c) Hat er seine Tat bereut?
d) Der Einbrecher ist erfolgreich gewesen
e) Der Butler hat die Polizei gerufen

2. Aufgabe 2. d)

Ob der Einbrecher Schnupfen hat, ist für die Tat völlig unerheblich. Lösung a) scheidet also schon mal aus. Wenn der Safe laut Lösung b) nicht da wäre, wie kann dann bei »Ja« der Safe geknackt werden? Lösung b) muss also auch falsch sein. Nach Lösung c) hat der Einbrecher zu viel Lärm gemacht. Trotzdem knackt er bei »Ja« danach den Safe und flüchtet bei »Nein«. Da diese Konstellation auch nicht passt, scheidet sie aus. Nach Lösung d) wird gefragt, ob er den Safe gefunden hat. Bei »Ja« wird dieser anschließend geknackt, bei »Nein« gefragt, ob jemand kommt. Geht man dieser Frage nach, wird weiter nach dem Safe gesucht bzw. die Flucht ergriffen. Beide Möglichkeiten passen. Lösung d) muss also korrekt sein.

Gegenprobe, ob nicht auch Lösung e) korrekt sein könnte: Wenn er flüchten will, warum knackt er dann den Safe, bzw. wenn er nicht flüchten will, warum tut er es dann? Lösung e) muss also auch falsch sein.

2. Aufgabe 3. b)

Ein Zusammenhang, ob er alles eingesteckt hat und dann festgenommen wird, ist nicht erkennbar, sodass Lösung a) ausscheidet. Fraglich ist, ob Lösung b) passen könnte, d.h. die Polizei vor dem Haus steht. Es gibt keine Hinweise, warum die Polizei vor dem Haus steht, und das muss hier auch so hingenommen werden. Interpretationen sind nicht zulässig. Der Safe wurde erfolgreich geknackt, und es wird die Frage gestellt, ob jemand kommt. Dann wird gefragt, ob die Polizei vor dem Haus steht. Ja, und er wird festgenommen, nein, und der Einbrecher geht weg. Beide Lösungen passen. Auch vom Kasten mit »Der Einbrecher flüchtet« geht diesmal ein Pfeil auf das Feld Nummer 3. Auch hier käme dann die Frage, ob die Polizei vor Ort ist. Wieder passen beide Lösungen. Lösung b) ist also korrekt.

Gegenprobe, ob die anderen Lösungen nicht auch korrekt sein könnten: Wenn er seine Tat bereuen würde, warum würde er dann festgenommen werden? Dazwischen fehlt wieder ein Schritt, nämlich dass die Polizei alarmiert wird bzw. er sich stellt. Wenn der Einbrecher erfolgreich gewesen ist, warum wird er dann nach »Ja« festgenommen? Auch hier fehlt wieder mindestens ein Zwischenschritt. Passen könnte auch Lösung e), d.h., der Butler hat die Polizei gerufen. Wenn man dem Pfeil von oben kommend folgt (»Er flüchtet«), so würde die Aussage »Der Butler hat die Polizei gerufen« passen. Aber: Es fehlt der Schritt, ob die Polizei ihn erfolgreich festnehmen kann. Nur dass die Polizei gerufen wurde, heißt noch nicht, dass diese auch vor dem Haus steht und den Einbrecher ergreifen kann. Vielleicht ist die Polizei noch auf der Anfahrt oder alle Beamten sind im Einsatz. Daher passt Lösung b) am besten, denn dort steht die Polizei bereits vor dem Haus.

Gemeinsamkeiten im Sprachbereich

Sieben Wörter sind vorgegeben. Finden Sie die beiden Wörter heraus, die einen gemeinsamen Oberbegriff haben. Sollten mehrere Lösungsmöglichkeiten sinnvoll erscheinen, wählen Sie bitte die Lösung, die am genauesten einen Oberbegriff oder eine Gemeinsamkeit definiert.

1. Aufgabe Luft • Teppich • Tür • Haus • Tisch • Stuhl • Gardine

2. Aufgabe Auto • Hotel • Café • Straße • Büro • Behausung • Garten

3. Aufgabe Armut • Elend • Gefahr • Durst • Hunger • Angst • Krankheit

4. Aufgabe Gras • Wurzel • Tulpe • Eiche • Laub • Rose • Wald

5. Aufgabe Meer • Strand • Wal • Seetang • Schutt • Qualle • Delfin

6. Aufgabe Brille • Sonne • Blick • Duft • Auge • Reiz • Nase

7. Aufgabe Reiten • Gymnastik • Schwimmen • Fußball • Tennis • Speerwerfen • Ringen

8. Aufgabe Sparbuch • Briefmarke • Zahlkarte • Quittung • Aktie • Pfandbrief • Wechsel

Bearbeitungstipps

Bei diesem Test können Sie zweistufig vorgehen. Lassen Sie uns dabei die Aufgabe 7 als Beispiel nehmen:

Lesen Sie zunächst die Aufgabe und lassen Sie dabei Ihren Gedanken freien Lauf. Das Erste, was einem meist dazu einfällt ist, dass es sich hierbei um Sportarten handelt,

Lösungen

1. Aufgabe	e f – Ein Tisch und ein Stuhl sind Möbel.
2. Aufgabe	b f – Ein Hotel und eine Behausung bieten eine Wohnmöglichkeit.
3. Aufgabe	d e – Durst und Hunger sind körperliche Empfindungen, die eine Nahrungsmittelaufnahme veranlassen.
4. Aufgabe	c f – Tulpen und Rosen sind Blumen.
5. Aufgabe	c g – Wale und Delfine sind Säugetiere.
6. Aufgabe	e g – Das Auge und die Nase sind Sinnesorgane.
7. Aufgabe	d e – Fußball und Tennis sind Ballsportarten.
8. Aufgabe	e f – Aktien und Pfandbriefe stellen Sachwerte dar.

d. h., der Oberbegriff »Sportarten« steht fest.

Stellen Sie sich dann bei einem zweiten Lesedurchgang die Sportarten am besten bildlich vor. Zum Reiten gehört ein Pferd, Gymnastik kann mit Bändern oder alleine durchgeführt werden, schwimmen findet im Wasser statt, zum Fußball und zum Tennis benötigt man einen Ball […] – womit der Oberbegriff »Ballsportart« und die Lösung bereits gefunden ist.

Ganz ähnlich können Sie auch bei den anderen Aufgaben vorgehen, sodass dieser Test für Sie leicht zu lösen sein dürfte.

Gemeinsamkeiten im Zahlenbereich

Gemeinsamkeiten aus zwei Begriffen herausfinden zu lassen ist ein gängiges Testverfahren, welches häufig zum Einsatz kommt. Eine Abwandlung besteht aber im Bereich der Zahlen, die wir Ihnen hier vorstellen wollen. Bitte finden Sie die Gemeinsamkeiten folgender Zahlenreihen heraus:

Aufgaben

a) 2 3 5 7 11 13 17 19 23

b) 3 21 111 30 210 1 110 300 2 100 11 100

c) 7 14 21 28 35 42 49 56 63

d)* 2 22 33 224 55 444 3 155 655 585

e)* 1 3 5 7 9 11 13 15 17

* Hier könnte die Reihenfolge der Zahlen eine Rolle spielen.

Lösungen

a)	Alle Zahlen sind Primzahlen.
b)	Die Quersumme aller Zahlen ist 3. Alle Zahlen sind auch durch 3 teilbar.
c)	Alle Zahlen sind Vielfache von 7.
d)	Die Quersummen der Zahlen steigen um + 2.
e)	Alles ungerade Zahlen, sie steigen um + 2.

Bearbeitungstipps

Bei diesen Aufgaben ist es wichtig, sich die Zahlenreihen genau anzusehen, um die Gemeinsamkeiten herauszufinden. Eine Kenntnis der Grundrechenarten ist ebenfalls unerlässlich. Deshalb empfiehlt es sich, diese Aufgaben im Vorfeld zu üben, um eventuelle Schwachstellen rechtzeitig aufzudecken.*

Grafikanalogien

Hier geht es darum, grafische Figuren zueinander in Beziehung zu setzen.

1. Aufgabe

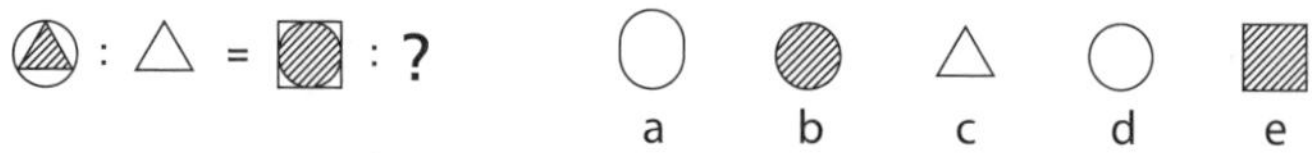

2. Aufgabe

3. Aufgabe

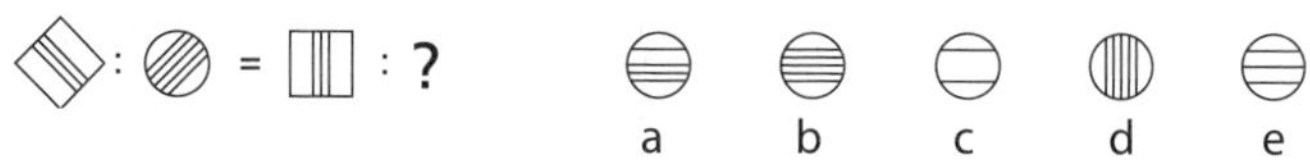

4. Aufgabe

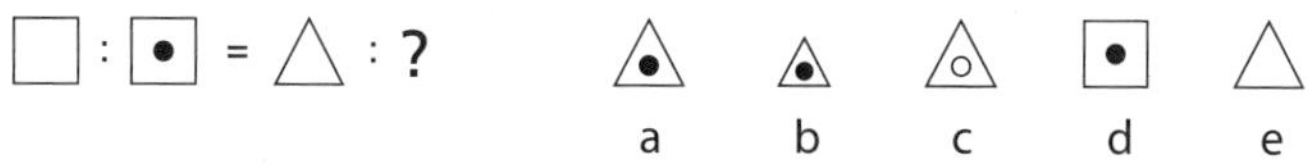

5. Aufgabe

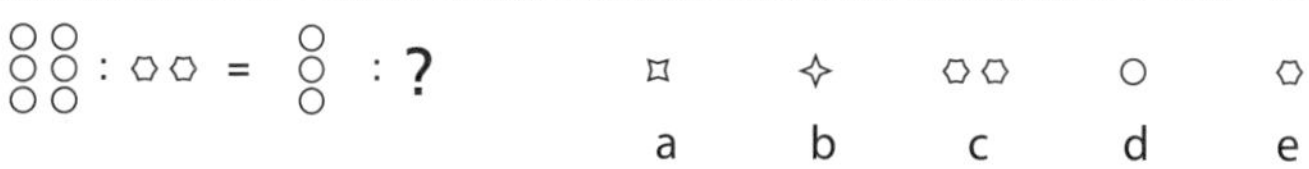

6. Aufgabe

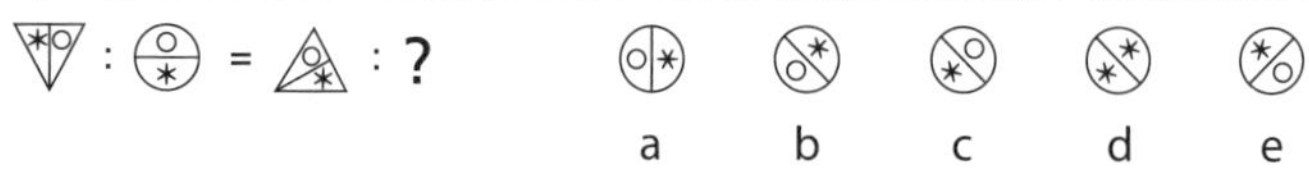

7. Aufgabe

8. Aufgabe

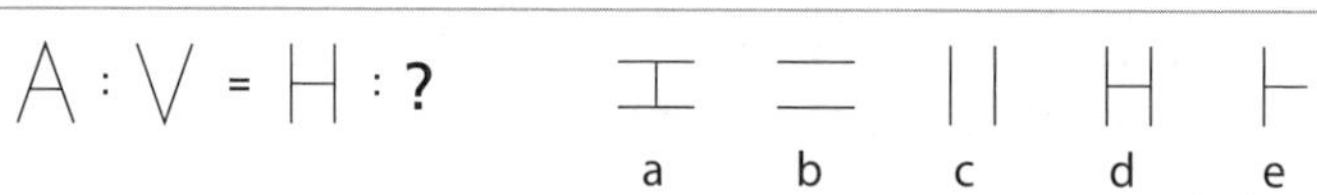

Lösungen

1. Aufgabe d)

Die Außenfigur verschwindet, die Innenfigur wird leer.

2. Aufgabe e)

Auf der rechten Seite sind die Figuren von links um 90° gedreht.

3. Aufgabe b)

Das Quadrat dreht sich um 90° und wird zum Kreis. Es kommen zwei weitere Linien hinzu.

4. Aufgabe a)

Die Figur bekommt einen schwarzen Kreis – bei unveränderter Figurgröße.

5. Aufgabe e)

Mathematisch: 6:2=3:1. Hier muss zudem auf das richtige Symbol (Hexagon) geachtet werden.

6. Aufgabe b)

Die Figur wird zunächst um ca. 90° nach rechts gedreht, dann das Innere der Figur an der Mittelachse gespiegelt.

7. Aufgabe c)

Die Außenfigur fällt weg. Der Kreis wird (mitsamt Mustern) an der Senkrechten gespiegelt.

8. Aufgabe c)

Die Figur wird um 180° gedreht, der Mittelstrich fällt jeweils weg.

9. Aufgabe

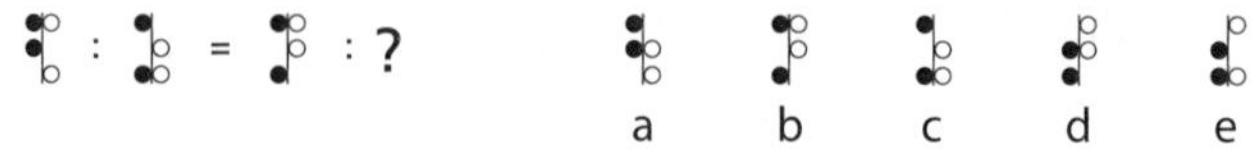

10. Aufgabe

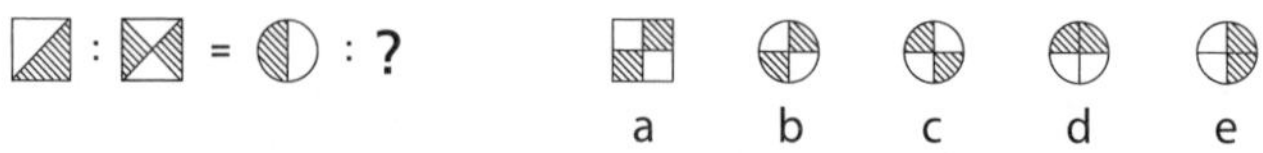

11. Aufgabe

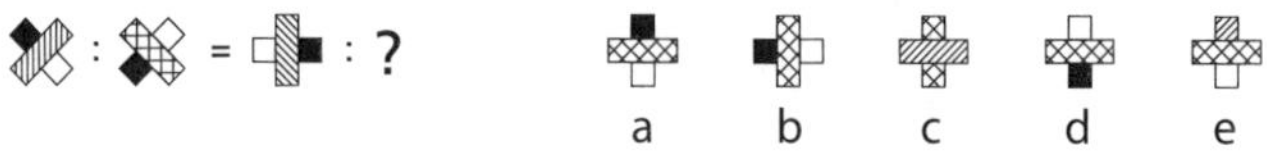

12. Aufgabe

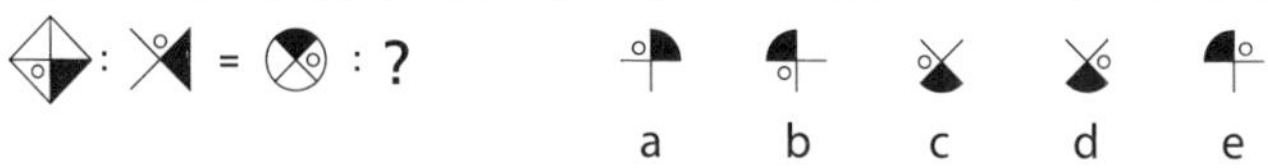

13. Aufgabe

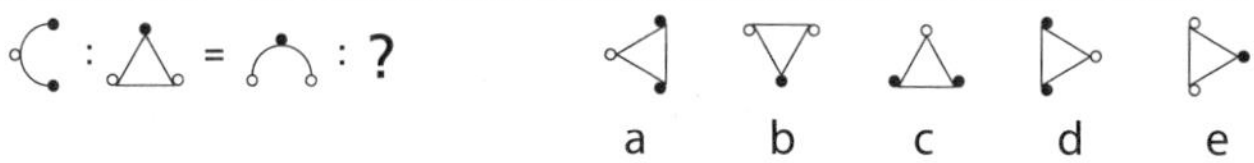

14. Aufgabe

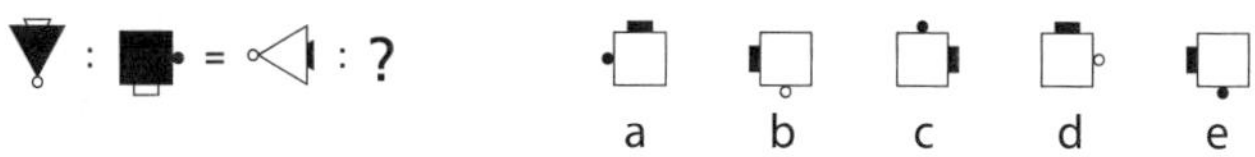

9. Aufgabe e)

Die Figur wird um 180° gedreht und die Farben der Punkte vertauscht.

---

10. Aufgabe c)

Das gestrichelte Muster wird in der Mitte getrennt und die untere Hälfte davon gespiegelt.

---

11. Aufgabe a)

Zunächst wird die Figur um 90° nach links gedreht, dann die schraffierte Fläche durch das Rautenmuster ersetzt.

---

12. Aufgabe b)

Die Figur ist geviertelt. Zunächst eine Drehung um 45° nach links, dann fallen die äußeren Begrenzungslinien (Quadrat bzw. Kreis) weg. Schließlich wandert der kleine Kreis in das gegenüberliegende Viertel.

---

13. Aufgabe d)

Das Objekt wird um 90° nach rechts gedreht, die Farben der kleinen Kreise vertauscht, und der Bogen wird zum Dreieck.

---

14. Aufgabe e)

Die Figur wird um 90° im Uhrzeigersinn gedreht. Der kleine Kreis behält seine Farbe, während die anderen Formen ihre Farben tauschen.

Bearbeitungstipps

Bitte beachten Sie zu diesen Aufgaben auch unsere Bearbeitungstipps auf Seite 74.

Grafiken auswerten

Die folgende Grafik zeigt Ihnen die Haushaltskosten der Familien Meyer, Müller und Schulze. Ihre Aufgabe ist es, die jeweils dazugehörigen Fragen durch eine möglichst exakte Interpretation der gegebenen Daten zu beantworten. Jeweils eine der vorgegebenen Antworten ist dabei richtig. Die zugrunde liegende Tabelle auf der rechten Seite können Sie zum Lösen der Aufgaben mitbenutzen.

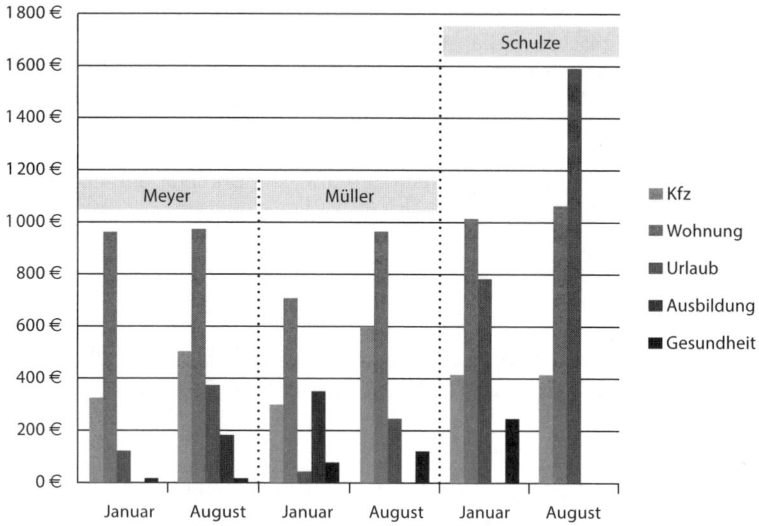

1. Aufgabe In welchem Monat stehen bei Familie Müller weniger Kosten an?

a) Januar
b) August

2. Aufgabe Bei welcher Familie wird das meiste Geld für die Gesundheit ausgegeben?

a) Familie Meyer
b) Familie Müller
c) Familie Schulze
d) kann nicht eindeutig festgestellt werden

Zugrunde liegende Tabelle

	Meyer		Müller		Schulze		
	Januar	August	Januar	August	Januar	August	
Kfz	325,96 €	503,50 €	305,00 €	610,00 €	423,80 €	410,95 €	2 579,21 €
Wohnung	954,00 €	963,00 €	710,55 €	745,55 €	1 012,78 €	1 062,60 €	5448,48 €
Urlaub	125,00 €	375,00 €	50,00 €	255,80 €	790,00 €	1 590,00 €	3 185,80 €
Aus-bildung	- €	190,00 €	350,55 €	- €	- €	- €	540,55 €
Gesund-heit	23,78 €	15,95 €	75,98 €	125,70 €	253,98 €	- €	495,39 €

Lösungen

1. Aufgabe a) Januar: 1 492,08 €; im August sind es 1 737,05 €

2. Aufgabe c) Familie Schulze; bei genauem Hinsehen kann dies auch anhand des Diagramms erkannt werden;
Familie Schulze: 253,98 €;
Familie Müller: 201,68 €;
Familie Meyer: 39,73 €

3. Aufgabe Welche Familie hat im August die meisten Kosten?

a) Familie Meyer
b) Familie Müller
c) Familie Schulze
d) kann nicht eindeutig festgestellt werden

4. Aufgabe Für welchen Posten geben alle drei Familien in diesen beiden Monaten das meiste Geld und für welchen Posten das wenigste Geld aus?

a) Urlaub / Gesundheit
b) Urlaub / Ausbildung
c) Kfz / Gesundheit
d) Wohnung / Ausbildung
e) Wohnung / Gesundheit

5. Aufgabe Welche Familie hat insgesamt die geringsten Ausgaben?

a) Familie Meyer
b) Familie Müller
c) Familie Schulze

6. Aufgabe Bei welcher Familie steigen die Kfz-Kosten zwischen Januar und August um 100 %?

a) Familie Meyer
b) Familie Müller
c) Familie Schulze

Bearbeitungstipps

Bei diesen Aufgaben geht es darum, einen Sachverhalt möglichst schnell und genau zu erfassen. Beschäftigen Sie sich daher zunächst einmal mit den Daten, die dargestellt werden. Manchmal ist es möglich, dass diese

3. Aufgabe c) Familie Schulze: 3 063,55 €
Familie Meyer: 2 047,45 €
Familie Müller: 1 737,05 €

4. Aufgabe e) Wohnung / Gesundheit
Summe Wohnung: 5 448,48 €
Summe Gesundheit: 495,39 €
Summe Ausbildung: 540,55 €
Summe Kfz: 2 579,21 €
Summe Urlaub: 3 185,80 €

5. Aufgabe b) Familie Müller: 3 229,13 €
Familie Meyer: 3 476,19 €
Familie Schulze: 5 544,11 €

6. Aufgabe b) Familie Müller: von 305 € auf 610 €

schon so unterschiedlich sind, dass sich einige Lösungen von selbst ergeben bzw. schnell ausschließen lassen. So nicht ausdrücklich verboten, können Sie Nebenrechnungen machen. Dabei kann es Ihnen helfen, die dargestellten Balken mit den Eurowerten zu versehen, die sie angeben. So brauchen Sie später nur noch im Kopf (oder schriftlich) überschlagen, wer wofür am meisten / wenigsten Geld ausgegeben hat.

Modellanalyse

Zu Beginn wird Ihnen ein einfaches Modell über das Zusammenwirken verschiedener Größen vorgestellt. Komplexere Modelle dieser Art dienen u. a. der Vorhersage wirtschaftlicher Entwicklungen. Das hier vorgestellte Modell besteht zunächst aus fünf Definitionen (D1 bis D5) in Form von Modellgleichungen, die so aufeinander bezogen sind, dass alle unbekannten Bestimmungsstücke einer Größe durch weitere Definitionen erklärt werden.

Die ersten Aufgaben, die Ihnen im Anschluss an die Vorstellung des Modells gestellt werden, können anhand der in diesen Definitionen enthaltenen Informationen gelöst werden. Für die Beantwortung späterer Aufgaben werden (jeweils an entsprechender Stelle) die Definitionen teilweise modifiziert bzw. es werden weitere Definitionen hinzugefügt.

Die nun folgenden Definitionen und konkret angegebenen Werte gelten für alle Aufgaben, *soweit nicht ausdrücklich eine andere Festlegung getroffen ist.*

Definitionen:

$$D1: A_t = 260 + A_{t-1} - 2B_t \qquad A_{t_0-1} = 20$$

$$D2: B_t = 75 - 0{,}2C_t$$

$$D3: C_t = 110 - 0{,}5A_{t-1}$$

$$D4: D_t = 10 + 15\frac{E_{t-1}}{A_t}$$

$$D5: E_t = 3B_t + 4A_t \qquad E_{t_0-1} = 400$$

Der Index t stehe dabei für ein beliebiges Jahr, t_0 für das aktuelle Jahr. Demnach steht $t_0 - 1$ für das letzte Jahr. Beachten Sie: Soll eine Definition, in der Größen mit dem Index t vorkommen, auf das Jahr davor angewandt werden, so sind alle Indizes in der Gleichung um 1 zu vermindern. Gilt beispielsweise für das Jahr t die Definition: $X_t = Y_t + Z_{t-1}$, dann gilt für das Jahr $X_{t-1} = Y_{t-1} + Z_{t-2}$

1. Aufgabe Welchen Wert hat die Größe C im aktuellen Jahr?

2. Aufgabe Welchen Wert hat die Größe E im aktuellen Jahr?

3. Aufgabe Angenommen (nur für diese Aufgabe!), die Größe A hätte im aktuellen Jahr den Wert 80. Welchen Wert hätte dann die Größe D im aktuellen Jahr?

Lösungen

1. Aufgabe 100. Einsetzen von D1 (2. Gleichung) in D3.

2. Aufgabe 845. D1 (2. Gleichung) in D3 eingesetzt, und dies wiederum in D2 eingesetzt, ergibt B_{t_0}. A_{t_0} ergibt sich, indem man B_{t_0} nochmals in D1 (1. Gleichung) einsetzt. A_{t_0} und B_{t_0} in D5 eingesetzt liefert dann das Ergebnis.

3. Aufgabe 85. Einsetzen der 2. Gleichung von D5 und von A_{t_0} in D4 liefert direkt das Ergebnis.

4. Aufgabe Welche der folgenden Aussagen lässt bzw. lassen sich aus dem Modell ableiten?

a) Der Wert der Größe A im jeweiligen Vorjahr wirkt sich auf den Wert der Größe B im Jahr t aus.

b) Der Wert der Größe B im Jahr t wirkt sich auf den Wert der Größe D im Jahr t aus.

c) Der Wert der Größe D im Jahr t – 1 wirkt sich auf den Wert der Größe A im Jahr t aus.

5. Aufgabe Angenommen, der Wert der Größe A_{t_0-1} wäre halb so groß wie oben angegeben. Wie wirkt sich dies auf die Größe D_{t_0} aus? Wird sie kleiner, größer oder bleibt sie gleich?

6. Aufgabe Angenommen, statt der Werte der Größen A und E im Vorjahr ($t_0 - 1$) wäre nur der Wert der Größe B im aktuellen Jahr vorgegeben. Welche der folgenden Größen lassen sich dann anhand der Gleichungen berechnen?

a) A_{t_0-1}

b) E_{t_0}

c) D_{t_0}

d) E_{t_0-1}

Bearbeitungstipps

An dieser Stelle können Sie nur systematisch vorgehen, um zu einer richtigen Lösung zu kommen: Lesen Sie sich zunächst die Aufgabe in Ruhe durch und schauen Sie erst in einem zweiten Lesedurchgang, welche der Definitionen Sie später wo einsetzen müssen. Schreiben Sie sich die Aufgabe dann – mit einer ersten eingesetzten Definition – neu auf. Berechnen Sie anschließend, so bereits machbar, den ersten Teil der Aufgabe (den, für den Sie die Definition eingesetzt haben) und fügen Sie erst danach Stück für Stück die weiteren Definitionen ein, bis die Aufgabe in dieser Art und Weise vollständig gelöst ist. Alle Definitionen auf einmal sollten Sie jedoch nicht einsetzen: Damit geht die

4. Aufgabe

a) Ja. A_{t-1} wirkt sich auf C_t (D3) aus und C_t wirkt sich auf B_t (D2) aus.
b) Ja. B_t wirkt sich auf A_t (D1) aus und A_t wirkt sich auf D_t (D4) aus.
c) Nein, eine derartige Abhängigkeit kann aus den Definitionen nicht abgeleitet werden.

5. Aufgabe

Größer. Setzen Sie dazu den Term D2 in D1 und in das Ergebnis dann D3 ein. Das sieht folgendermaßen aus:

$$A_{t_0} = 260 + A_{t_0-1} - 2\,B_{t_0} = 260 + A_{t_0-1} - 2\,(75 - 0{,}2\,C_{t_0}) =$$
$$= 260 + A_{t_0-1} - 2\,(75 - 0{,}2\,(110 - 0{,}5\,A_{t_0-1})) =$$
$$= 154 + 0{,}8\,A_{t_0-1}$$

Man sieht:

Da A_{t_0-1} sich auf A_{t_0} auswirkt und Zweiteres wegen der Rechnung kleiner wird, wird D_{t_0} dadurch größer.

6. Aufgabe

Es lassen sich a) und b) berechnen. Mit B_{t_0} lässt sich durch Umstellen von D2 C_{t_0} berechnen. Damit lässt sich durch Umstellen von D3 A_{t_0-1} berechnen (D1). Durch Einsetzen von A_{t_0} und B_{t_0} in D5 lässt sich E_{t_0} berechnen. Die einzige Möglichkeit, E_{t_0-1} zu berechnen, ginge über D4. Da aber auch D_{t_0} unbekannt ist, lässt sich E_{t_0-1} unter den gegebenen Voraussetzungen nicht berechnen.

Übersichtlichkeit der Aufgabe verloren und das Fehlerrisiko steigt.

Gegebenenfalls müssen Sie die Gleichungen umstellen, um zu einer Lösung zu kommen. Dies ist z. B. in Aufgabe 6 der Fall. Überprüfen Sie, wenn Sie keinen Ansatz finden und ein einfaches Einsetzen nicht ausreicht, ob dies der Fall sein könnte. Wie Sie sehen, kann es aber auch der Fall sein, dass es zu einer Aufgabe keine Lösung gibt. Lassen Sie sich nicht entmutigen und üben Sie diese Art der Aufgaben, wenn Sie Ihnen Probleme bereiten. Mit etwas Training werden Sie schnell erkennen, ob Sie einsetzen und/oder die Gleichungen auch umstellen müssen. Die Modellanalyse sieht komplizierter aus, als sie ist!

Sinnvoll ergänzen

Sie sehen ein Rechteck mit 8 Figuren. Welcher der vorgegebenen 9 Lösungsvorschläge (rechts, a – i) passt als Einziger in das freie 9. Feld?

1. Aufgabe

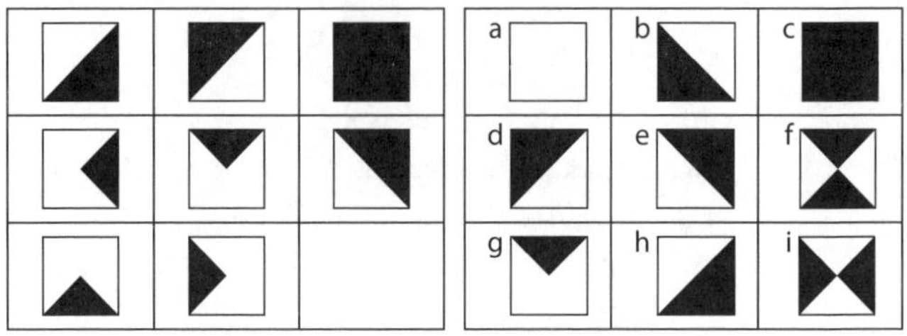

2. Aufgabe

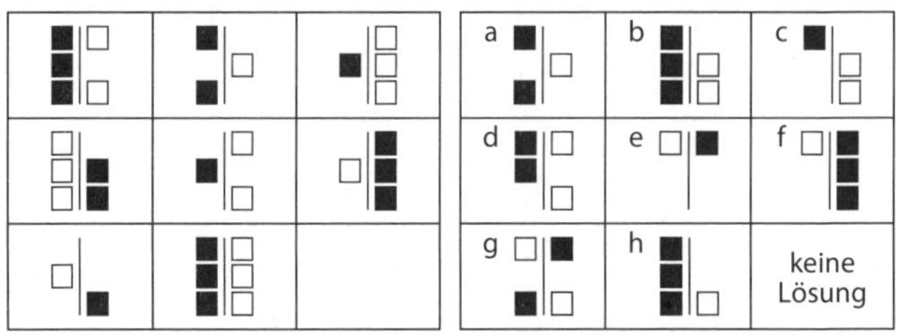

3. Aufgabe

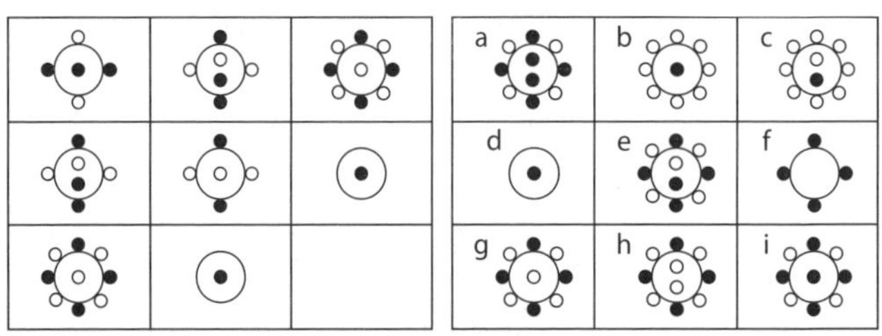

Lösungen

1. Aufgabe b – Die schwarze Fläche der ersten Figur, addiert mit der schwarzen Fläche der zweiten Figur, ergibt – sozusagen als Summe – die dritte Figur. Dieses Prinzip gilt sowohl in vertikaler Richtung (von unten nach oben) als auch in horizontaler Richtung (von links nach rechts) – ein wichtiger Hinweis für die generelle Bearbeitung dieses Aufgabentyps.

2. Aufgabe d – Grundsätzlich werden die Kästchen neben dem Trennstrich nicht farbig vermischt. Damit scheidet Lösung g bereits aus. In allen Bilderreihen, sowohl waagrecht als auch senkrecht gelesen, kommen immer ein, zwei und drei Kästchen vor. Dies gilt sowohl für schwarze als auch für weiße Kästchen. Daraus folgt, dass es im Lösungsbild je zwei weiße und je zwei schwarze Kästchen geben muss. Diese Bedingung wird nur noch von Lösung d erfüllt.

3. Aufgabe e – Im großen Kreis kommen pro Spalte und Zeile jeweils ein schwarzer, ein schwarzer und ein weißer sowie ein weißer Kreis alleine vor. Da dies in der letzten Zeile noch nicht der Fall war, bleiben nur die Lösungen c und e übrig. Außerhalb des Kreises gilt folgende Regel:

Sind die kleinen Kreise auf den ersten beiden Bildern einer Zeile oder Spalte zwar an den gleichen Stellen am Rand des großen Kreises, jedoch farblich unterschiedlich, so werden sie im letzten Bild »zusammenaddiert« und tauchen alle gemeinsam am Rand des großen Kreises, auf dem dritten Bild einer Zeile oder Spalte, auf. Sind die kleinen Kreise auf den ersten beiden Bildern einer Zeile oder Spalte farblich gleich und an den gleichen Stellen am Rand des großen Kreises, so werden sie »subtrahiert« und tauchen im dritten Bild einer Zeile oder Spalte gar nicht mehr auf. Für die dritte Spalte (und Zeile) bedeutet dies, dass die kleinen Kreise, da im zweiten Bild der dritten Spalte (und Zeile) keine kleinen Kreise vorhanden sind, auch im Lösungsbild auftauchen müssen. Daher ergibt sich Lösung e.

Bearbeitungstipps zu »Figurenreihen fortsetzen« und »Sinnvoll ergänzen«

Bei diesem in sogenannten Intelligenztests immer wieder auftauchenden Aufgabentyp haben sich die folgenden systematischen Bearbeitungsschritte als hilfreich herausgestellt:

Welcher Unterschied ergibt sich vom ersten zum zweiten Bild, vom zweiten zum dritten usw. – ebenso umgekehrt (vom zweiten zum ersten, vom dritten zum zweiten etc.)? Aber auch umfassende Blickwinkel vom ersten zum letzten Bild bzw. umgekehrt können zur Lösungsfindung beitragen. Unter sechs Aspekten kann man sowohl die Veränderungen als auch die Konstanz der grafischen Elemente überprüfen:

1. Veränderung in Lage und Anordnung einzelner oder mehrerer Elemente
2. Veränderung bei der Anzahl von Elementen
3. Veränderung bezüglich Lage und Anzahl
4. Veränderung in Größe und (Farb-)Gestaltung / Darstellung (z.B. Muster)
5. Veränderung durch Wechsel in der Gestaltung / Darstellung
6. Berücksichtigung der Konstanz der Gestaltung / Darstellung

Beispiel

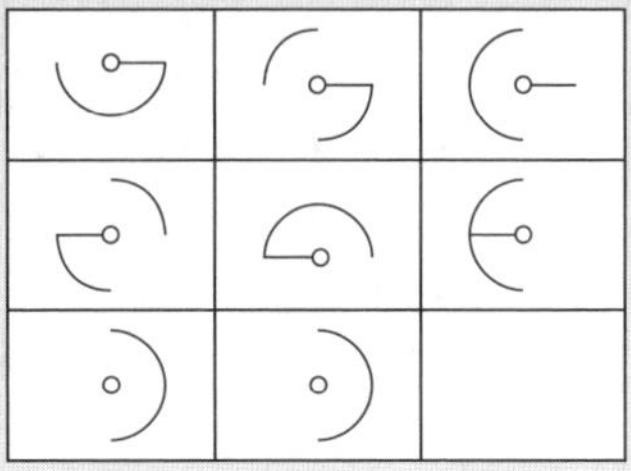

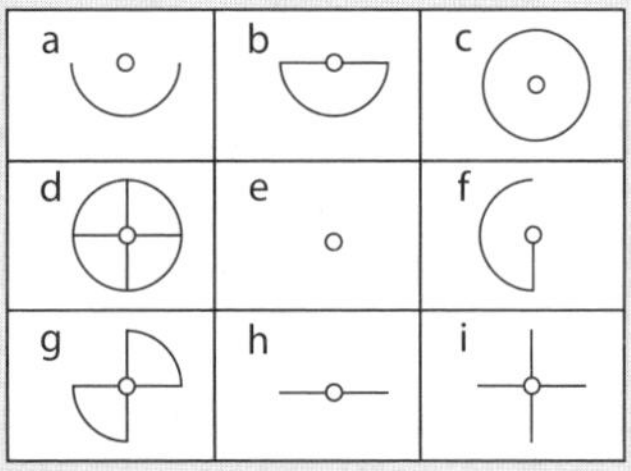

Lösung: e

Erklärung: Hier beherrschen drei Elemente die Szene: Der Mittelpunkt, der daran befestigte »Zeiger« und die Kreisteile (am besten in Vierteln eines Zifferblatts vorstellbar, nach dem System 1. Viertel: 12 –3, 2. Viertel: 3 – 6, 3. Viertel: 6 – 9, 4. Viertel: 9 – 12).

Der Mittelpunkt bleibt in allen Figuren erhalten. Leider enthalten auch alle Lösungsvorschläge a – i den Mittelpunkt, sodass die sinnvolle Testbearbeitungsstrategie, nicht infrage kommende Lösungsvorschläge zu eliminieren (= Ausschlussstrategie), hier (noch) nicht weiterhilft.

Betrachten wir jetzt als zweites Element den »Zeiger«: Dieser bleibt in der ersten und in der zweiten Zeile jeweils in gleicher, unveränderter Position. In der dritten Zeile gibt es ihn nicht mehr. Wir schließen daraus, dass die Lösungsfigur entsprechend der dritten Zeile keinen Zeiger haben darf. Insofern hilft die Ausschlussstrategie jetzt weiter: Die Lösungsvorschläge b, d, f, g, h und i fallen weg. Als Lösungen bleiben nur noch a, c und e übrig.

Nun kommen wir zur Betrachtung des dritten Elements, der Kreisteile (Viertelkreise). Doppelt, d. h. sowohl in der ersten wie in der zweiten Figur (= Zeichnung, Kästchen) enthaltene Kreisteile fallen in der dritten Figur weg, einmal vorhandene bleiben.

Am Beispiel der ersten Zeile: Der Viertelkreis 3 – 6 ist in der zweiten Figur ebenfalls enthalten und in der dritten nicht mehr. Der Viertelkreis 6 – 9 in der ersten Figur ist in der zweiten nicht vorhanden, aber in der dritten. Der Viertelkreis 9 – 12 wird in der ersten Figur nicht verwendet, aber in der zweiten und bleibt deshalb auch in der dritten.

Nach dem gleichen Prinzip ist auch die zweite Zeile aufgebaut. In der dritten Zeile herrscht als das »Gesetz«, dass der Kreis 12 – 6 (zwei zusammengesetzte Kreisviertel) in den ersten beiden Figuren (= Zeichnung, Kästchen) vorhanden ist und deshalb in der dritten wegfallen muss. Also bleibt als Lösung unter Berücksichtigung der Elemente Mittelpunkt und Zeiger nur die Lösung e übrig.

Sprachgefühl

Um Ihr Sprachgefühl zu testen, werden bei dieser Aufgabe fünf Wörter vorgegeben, von denen sich vier in einer gewissen Weise ähneln. Das fünfte Wort, das nicht in diese Reihe passt, müssen Sie herausfinden.

1. Aufgabe
a) Tisch
b) Sessel
c) Schrank
d) Bett
e) Taube

2. Aufgabe
a) Butter
b) Milch
c) Gras
d) Käse
e) Joghurt

3. Aufgabe
a) Trugschluss
b) Unterschlagung
c) Diebstahl
d) Fälschung
e) Betrug

4. Aufgabe
a) Kochen
b) Schneidern
c) Brauen
d) Schmieden
e) Lernen

5. Aufgabe
a) gelegentlich
b) übermorgen
c) demnächst
d) in Kürze
e) bald

6. Aufgabe
a) Patient
b) Klient
c) Mandant
d) Kunde
e) Freund

Lösungen

1. Aufgabe e)

Bei a, b, c und d handelt es sich um Möbelstücke.

2. Aufgabe c)

Bei allen anderen Begriffen handelt es sich um Lebensmittel (Milchprodukte).

3. Aufgabe a)

Bei allen anderen Begriffen handelt es sich um kriminelle Handlungen.

4. Aufgabe e)

»Lernen« ist ein geistiger Vorgang, die restlichen handwerkliche.

5. Aufgabe b)

»übermorgen« ist zeitlich viel präziser als alle anderen Aussagen.

6. Aufgabe e)

Der »Freund« steht in einer privaten Beziehung, zu den anderen unterhält man Geschäftsbeziehungen.

Bearbeitungstipps

Bei solchen Aufgaben kann es vorkommen, dass Ihnen unbekannte Begriffe verwendet werden. Um diesem Fall vorzubeugen, sollten Sie Ihren Wortschatz im Vorfeld durch regelmäßige Lektüre erweitern. Viele Begriffe lassen sich außerdem auch aus den anderen Wörtern herleiten.

Sprachanalogien

Bei einem solchen Aufgabentyp müssen Sie aus vorgegebenen Lösungsvorschlägen das Wort auswählen, das ein fehlendes Element in einer Wortgleichung sinnvoll ergänzt. Anders ausgedrückt: Drei Wörter sind vorgegeben, bei denen die ersten beiden in einer gewissen Beziehung stehen. Sie sollen nun ein viertes Wort aus den vorgegebenen Lösungsmöglichkeiten heraussuchen, das zum dritten Wort ebenfalls in einer passenden Beziehung steht.

1. Aufgabe Dach verhält sich zu Keller wie Decke zu …?

a) Teppich
b) Leuchter
c) Wand
d) Boden

2. Aufgabe Gerade verhält sich zu Viereck wie Kurve zu …?

a) Fläche
b) Kugel
c) Quadrat
d) Kreis
e) Laufbahn
f) Kegel

3. Aufgabe Auto verhält sich zu Räder wie Flugzeug zu …?

a) Motor
b) fliegen
c) Tragflächen
d) Pilot
e) Düsen
f) Kerosin

4. Aufgabe Muster verhält sich zu Entwurf wie Maschine zu …?

a) Antrieb
b) kaputt
c) Räder
d) Arbeit
e) Konstruktion
f) Kraft

5. Aufgabe Manchmal verhält sich zu oft wie etwas zu …?

a) mehr
b) viel
c) immer
d) meistens
e) wenig
f) alles

Lösungen

1. Aufgabe d)

Das dürfte klar sein. Bei dieser Oben/Unten-Analogie kommt nur der Boden infrage.

2. Aufgabe d)

Die Gerade ist ein Bestandteil des Vierecks. Genauso ist die Kurve ein Bestandteil des Kreises. Da es sich beim Viereck um ein zweidimensionales Objekt handelt, muss also auch der gesuchte Begriff ein zweidimensionales Objekt darstellen – weswegen auch die Kugel als Antwort falsch ist.

3. Aufgabe c)

Ein Auto wird von seinen Rädern auf der Straße bewegt. Ein Flugzeug braucht Tragflächen, um sich auf dem Luftstrom bewegen zu können.

4. Aufgabe e)

Aus einem Entwurf wird ein Muster. Aus einer Konstruktion wird eine Maschine.

5. Aufgabe b)

»manchmal« ist das Gegenteil von »oft« – »etwas« ist das Gegenteil von »viel«.

6. Aufgabe Leder verhält sich zu Eisen wie zäh zu …?

a) flexibel
b) schwer
c) hart
d) haltbar
e) biegsam
f) fest

7. Aufgabe Telegramm verhält sich zu Brief wie Stichwort zu …?

a) Nachricht
b) Erzählung
c) Zeile
d) Information
e) Satz
f) Telefonat

Bearbeitungstipps

Diese Form der Testaufgaben kommt in fast allen sogenannten wissenschaftlichen Tests vor. Man versteht darunter eine Art Gleichung, eine Form der Übereinstimmung zwischen zwei Objekten oder Begriffen, die in einer bestimmten, ähnlichen Beziehung zueinander stehen. Zu unterscheiden sind:

1. verbale Analogien,
2. nicht verbale, wie numerische und geometrische, Analogien,
3. doppelte Analogien.

Die Standardanalogie hat die Form A : B = C : D und wird gelesen: A verhält sich zu B wie C zu D.

In den Testaufgaben fehlt einer dieser vier Begriffe und ist im Multiple-Choice-System aus einer vorgegebenen Lösungsmenge als allein richtige Antwort auszuwählen.

1. Verbale Analogien

Zwischen zwei Begriffen auf der einen Seite der Gleichung entsteht eine Art Beziehung, die auf der anderen Seite in ähnlicher Weise wiederholt wird. Bei leichten Aufgaben ist das kein Problem. Es gibt aber auch Testaufgaben, die einem schon mehr Kopfzerbrechen bereiten können, wie z. B.:

Nase: angebrannt = Zunge: …?

a) belegt
b) sauer
c) schmecken
d) trocken
e) muffig

Die richtige Lösung b) erklärt sich dadurch, dass wir mit der Nase etwas riechen können, wenn es angebrannt ist, und zum Schmecken mit der Zunge unter den vorgegebenen Lösungsmöglichkeiten *sauer* diesem Vorgang am besten entspricht.

6. Aufgabe c)

Leder ist zäh. Eisen ist hart.

7. Aufgabe e)

Ein Telegramm ist in der Regel kurz und besteht aus Stichworten. Ein Brief hingegen ist länger und besteht aus ganzen Sätzen.

Würde die Aufgabe lauten …
Nase: angebrannt = Auge: …?
a) Schatten
b) Tränen
c) weinen
d) gefährlich
e) süß

… wäre hier die richtige Analogie d), weil es das linke Verhältnis am besten nachbildet.

Um mit diesem Aufgabentyp besser klarzukommen, gibt es eine Reihe von Aufbauprinzipien. Dabei ist die richtige *Verbindungsformulierung* der Zugang zur Lösung.

Beispiel:
Trauer: Stimmung = Zorn: …?
a) Ärger
b) Wut
c) Affekt
d) Verlust
d) Depression

Mit der richtigen Verbindungsformulierung »Trauer ist eine Art von Stimmung« erreichen wir auch die Lösung c) (»Zorn ist eine Art von Affekt«), eine außergewöhnlich heftige seelische Erregung.

Verkompliziert wird das System gelegentlich dadurch, dass bisweilen die Verbindungsformulierung nicht nur auf einer Seite anzuwenden ist, wie bei Trauer: Stimmung oder Nase: angebrannt, sondern eine Beziehung zwischen dem ersten und dem dritten Wort / Begriff herzustellen ist.

Beispiel:
Brot: Wein = Getreide: …?
a) Weizen
b) Butter
c) Becher
d) Flasche
e) Trauben

»Brot wird aus Getreide hergestellt, Wein aus Trauben« wäre hier die richtige Verbindungsformulierung.

Mit den folgenden Beziehungs- oder Verbindungsformulierungen für Wortanalogien können Sie diesen Aufgabentypus besser lösen:

- Gleiche Bedeutung (»bedeutet das Gleiche wie …«)
- Gegensätzliche Bedeutung (»bedeutet das Gegenteil von …«)
- Beschreibung (»ist eine Art von …«)
- Abstufung (»ist eine schwächere / stärkere Ausprägung von …«)
- Teilmenge (»ist ein Teil von, aus …«)
- Ursache / Folge (»ist eine Ursache von …« / »tritt gleichzeitig auf mit …«)
- Wirkung / Funktion (»hat die Bedeutung / Funktion / Wirkung von, für …«)
- Verhältnis (»steht in einem besonderen Verhältnis zu …«)
- Anwendung / Werkzeug (»wird benutzt um / von …«)
- Handlung (»ausführen /machen mit …«)
- Herstellung (»wird gemacht / gewonnen aus …«)
- Maßeinheit (»ist Maßeinheit für …« / »ist größere / kleinere Maßeinheit von, für …«)
- Lokalisation (»finden wir / befindet sich in, an …«)
- Verknüpfung / Urheberschaft (»ist von …«)

2. Numerische und geometrische Analogien

Bei den numerischen Analogien handelt es sich es um Rechenoperationen. Die Zahlen stehen in einem bestimmten Verhältnis zueinander, das es zu analysieren gilt. Bisweilen werden auch Buchstaben eingesetzt, die in numerischer Relation zueinander stehen.

1. Beispiel:
3 : 9 = 4 : …?…

a) 10
b) 16
c) 20
d) 21
e) 27

Lösung: b) (3 · 3 = 9; 4 · 4 = 16)
Erklärung: 9 ist das Quadrat von 3, 16 das von 4.

2. Beispiel:

C:F=M: ...?...

a) N
b) P
c) X
d) L
e) A

Lösung: b)
Erklärung: P ist zwei Buchstaben von M entfernt, wie F von C.

Bei den geometrischen Analogien wird die Analogie aus Figuren statt aus Symbolen gebildet. Eine Aufgabe dieses Typs kann z. B. so aussehen:

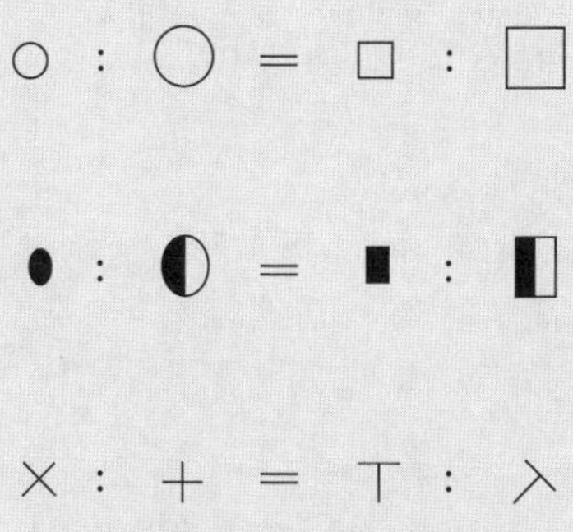

Erklärung: In den ersten beiden Reihen ist die zweite Figur sozusagen eine stärkere Ausprägung der ersten Figur. In der dritten Reihe wird die Ausgangsfigur jeweils gedreht.

3. Doppelte Analogien

? : Vater = Tochter : ?

a) Kind	A) Familie
b) Schwester	B) Mutter
c) Sohn	C) Kind
d) Junge	D) Oma
e) Mann	E) Enkel

Lösung: c) / B)
Erklärung: Hier kann man in zwei Schritten wie bei den Wortanalogien vorgehen und dann beide auf ihre Kompatibilität untereinander überprüfen. Auf der linken Seite fallen Kind und Schwester sofort raus. Vater : Mann würde passen, wenn auf der rechten Seite Tochter : Frau stehen könnte. Hier ist aber nur Tochter : Mutter verfügbar und dazu passt nur Sohn : Vater.

Bevor man sich diesem Aufgabentyp zuwendet, sollte man zunächst die Lösungsstrategien der einfachen Analogien trainieren.

Sprachsysteme

Nun folgen 6 Aufgaben, in denen Sie mit einigen Wörtern einer erfundenen Fremdsprache und deren deutscher Übersetzung konfrontiert werden. Es gilt, die Bedeutung der einzelnen Wörter und die grammatikalischen Regeln und Zusammenhänge der jeweiligen »Fremdsprache« zu erkennen. Die Aufgaben sind in verschiedenen Gruppen zusammengefasst, jede Gruppe bezieht sich auf eine andere Sprache. Beachten Sie, dass die grammatikalischen Regeln und der Satzbau der jeweiligen Fremdsprache sich möglicherweise von denjenigen der deutschen Sprache und auch untereinander sehr unterscheiden. Es sind nur die Regeln gültig, die sich aus den Zusammenhängen der vorgegebenen Sätze erschließen lassen; Ausnahmen gibt es nicht. Zur Verdeutlichung:

Beispiel

fützuft = sie kommt
gütteft = sie geht
güttegü = ich gehe
defützuft = sie kam

Was heißt nun »Ich ging« in der fiktiven Fremdsprache?

a) degütteft
b) defützuft
c) defützugü
d) degüttegü
e) güttegü

Lösung

d)

Warum ist d) richtig? Die Ausdrücke für »sie kommt« und »sie geht«, beides im Präsens, weisen als einzige Gemeinsamkeit die Endung »ft« auf, also muss »ft« für »sie« stehen. Das erlaubt den Schluss, dass die Endung »gü« für »ich« steht: Damit scheiden die beiden ersten Lösungen aus. Vergleichen wir die Ausdrücke »sie kommt« und »sie kam« miteinander, so wird klar, dass die Vergangenheitsform des jeweiligen Verbs durch die Vorsilbe »de« ausgedrückt wird. So ist auch die Lösung e) mit Sicherheit falsch. Da der Stamm von »gehen« offensichtlich »gütte« und nicht »fütz« (kommen) ist, bleibt dann als Lösung nur d).

Bearbeitungstipps

Auf dem ersten Blick erscheinen diese Aufgaben äußerst verwirrend und unlösbar. Bleiben Sie gelassen – es sieht in der Regel schlimmer aus, als es ist. Wenn Sie ein paar Grundregeln beachten, ist jede Aufgabe lösbar. Vielleicht macht es Ihnen mit etwas Übung sogar Spaß, diesen Fantasiesprachen auf den Grund zu gehen und sie zu entschlüsseln.

Beachten Sie, dass Sie nicht alle vorgegebenen Sätze im Einzelnen übersetzen müssen. Legen Sie Ihren Fokus auf den gesuchten Satz und die darin enthaltenen Wörtern. Bedenken Sie, dass in den Übersetzungen die Reihenfolge der Wörter eine andere sein kann und Artikel oder Zeitformen sich nur als Silbenendungen in der Fantasiesprache wiederfinden können.

Schauen Sie sich den gesuchten Satz an.

Suchen Sie in den vorgegebenen deutschen Sätzen nach den Wörtern, die Sie für den gesuchten Satz brauchen, und markieren Sie sie. Nur diese gilt es zu entschlüsseln, sodass Sie alle anderen Wörter erst einmal gedanklich ausblenden können.

Nehmen Sie sich nun eines Ihrer markierten Wörter vor und vergleichen Sie die vorgegebenen deutschen Sätze untereinander. Kommt das Wort auch in einem anderen Satz vor? Dann müssen in den Übersetzungen dieser beiden Sätze zwei gleiche Wörter / Silben vorkommen. Wenn Sie diese gefunden haben, haben Sie das erste Wort entschlüsselt. Herzlichen Glückwunsch!

Schreiben Sie sich die deutsche Bedeutung am besten gleich über das Wort und schauen Sie dann in den Lösungssätzen nach Ihrem ersten entschlüsselten Wort. Häufig können Sie so bereits die ersten Lösungssätze ausschließen, da sie das Wort nicht enthalten.

Wenn Sie auf diese Weise erst einmal beginnen, die Wörter einzeln zu entschlüsseln und Lösungssätze auszuschließen, werden Sie rasch Ihre Strategie verfeinern und einen Blick für die Übersetzung der Fantasiesprache bekommen, der Sie schnell zur Lösung führt.

A. Die Niftu-Sprache

der Berg ist hoch	= nifpoko tifka enik
der Mann steigt auf die Leiter	= nifsomsik omki nofsaprik siksik
das Haus ist schön	= nefmifti agli enik
der Himmel ist blau	= nifsumnil rosbil enik

1. Aufgabe »Das Haus ist hoch« heißt auf Niftu:

a) nefmifti tifka enik
b) tifka nofsaprik omki
c) nefmifti nifsumnil tifka
d) rosbil enik tifka
e) nefmifti agli enik

2. Aufgabe »Der Mann schaut in den Himmel« heißt demnach:

a) nifsomsik enik nifsumnil
b) rosbil enik nifsumnil
c) nifsomsik akivli nifsumnil gifgif
d) nefmifti nenik ban enik
e) tifka nofsaprik agli enik

3. Aufgabe »Der Berg ragt in den Himmel« heißt folglich:

a) nifpoko tifka omki
b) siksik nifsomsik nofsaprik
c) nataka sormalik onik
d) nifpoko akivli nifsumnil fly´kvlyg
e) nifpoko nifsumnil omki

Lösungen Teil A

1. Aufgabe a)

Der Artikel »der« wird in der Niftu-Sprache durch die Vorsilbe »nif« ausgedrückt: nifpoko (der Berg), nifsomsik (der Mann) etc. Das Wort nefmifti bedeutet »das Haus«. Somit heißt »nef« so viel wie »das«. Das Wort »ist« wird durch »enik« ausgedrückt und Adjektive stehen in der Niftu-Sprache immer hinter den Nomen. Wir übersetzen die Sätze und kommen zu folgendem Ergebnis:

der Berg ist hoch = nifpoko (der Berg) tifka (hoch) enik (ist); der Mann steigt auf die Leiter = nifsomsik (der Mann) omki (auf) nofsaprik (die Leiter) siksik (steigt); das Haus ist schön = nefmifti (das Haus) agli (schön) enik (ist); der Himmel ist blau = nifsumnil (der Himmel) rosbil (blau) enik (ist).

Daraus folgt, dass der gesuchte Satz wortwörtlich »das Haus hoch ist« heißen muss, was nur durch »nefmifti tifka enik« wiedergegeben wird: Lösung a).

2. Aufgabe c)

»Der Mann schaut in den Himmel« heißt wortwörtlich auf Niftu »der Mann zu der Himmel schaut« und wird zu »nifsomsik (der Mann) akivli (zu) nifsumnil (der Himmel) gifgif (schaut)«. Hier ist es unmöglich, die Wörter akivli und gifgif zu kennen, aber da die Wörter Mann und Himmel sowie der richtige Satzbau vorgegeben sind, kann man auf die richtige Lösung schließen.

3. Aufgabe d)

nifpoko (der Berg) akivli (zu) nifsumnil (der Himmel) fly´kvlyg (ragt). Die Wörter Berg und Himmel kommen bereits im Aufgabentext vor, und das Wort akivli ist entweder aus Aufgabe 2 bekannt oder man muss es in Aufgabe 3 richtig schlussfolgern.

B. Die Simkim-Sprache

Die Rosen duften gut	= Sísìm'haisi torksum makmak
Das Kind freut sich	= Sbávràk'habivkum baksimik etnok
Der Mann umarmt das Kind	= Mjúkmjù'njuljem askjamik sbávràk'habivkum
Die Frau arbeitet viel	= Sísìm'brishusmik tralimik nokargfi

4. Aufgabe »Der Mann umarmt die Frau« heißt auf Simkim:

a) Askjamik mjúkmjù'njuljem sbávràk'habivkum
b) Mjúkmjù'njuljem askjamik sísìm'brishusmik
c) Sbávràk'habivkum askjamik mjúkmjù'njuljem
d) Sbávràk'habivkum askjamik sísìm'brishusmik
e) Sísìm'haisi tralimik makmak

5. Aufgabe »Die Frau freut sich über die Rosen« heißt demnach:

a) Baksimik sísìm'haisi dengifti brishusmik
b) Sísìm'brishusmik basimik torksum gigrish sísìm'haisi
c) Sbávràk'habivkum baksimik inikagu gigrish sísìm'haisi
d) Sísìm'brishusmik baksimik etnok gigrish sísìm'haisi
e) Sísìm'brishusmik baksimik tralimik gigrish sísìm'haisi

6. Aufgabe Was heißt »Mjúkmjù'njuljem tralimik makmak« auf Deutsch:

a) Das Kind freut sich
b) Die Frau duftet gut
c) Der Mann arbeitet gut
d) Der Mann arbeitet hart
e) Der Mann freut sich

Lösungen Teil B

4. Aufgabe b)

Mjúkmjù'njuljem (der Mann) askjamik (umarmt) sísìm'brishusmik (die Frau). Die Artikel »der, die, das« lauten in der Simkim-Sprache »mjúkmjù', sísìm', sbávràk'«. Verben in der dritten Person Singular haben die Endung »-ik«: baksimik = es freut, askjamik = er umarmt etc. Die dritte Person Plural hat die Endung »um« (sie duften = torksum). Daraus können wir das Satzbauschema »Subjekt, Prädikat, Objekt« ableiten und suchen nach den Wörtern für »der Mann«, »umarmt« und »die Frau«, welche alle drei im Aufgabentext enthalten sind.

Übersetzungen:

- Die Rosen duften gut = Sísìm'haisi (die Rosen) torksum (duften) makmak (gut)
- Das Kind freut sich = Sbávràk'habivkum (das Kind) baksimik (freut) etnok (sich)
- Der Mann umarmt das Kind = Mjúkmjù'njuljem (der Mann) askjamik (umarmt) sbávràk'habivkum (das Kind)
- Die Frau arbeitet viel = Sísìm'brishusmik (die Frau) tralimik (arbeitet) nokargfi (viel)

5. Aufgabe d)

Sísìm'brishusmik (die Frau) baksimik (freut) etnok (sich) gigrish (über) sísìm'haisi (die Rosen). Um die korrekte Übersetzung dieses Satzes zu finden, ist es lediglich notwendig, die Wörter »die Frau«, »freut«, »sich« und »die Rosen« in der entsprechenden Reihenfolge zu finden.

6. Aufgabe c)

Der Mann (mjúkmjù'njuljem) arbeitet (tralimik) gut (makmak).

Sprichwörter

Eine Aufgabe, die sich häufig in Eignungs- und Einstellungstests findet, ist, Sprichwörter mit ähnlicher Bedeutung zu erkennen.

1. Aufgabe Wie man sich bettet, so liegt man.

a) Nach dem Essen soll man ruh'n oder tausend Schritte tun.
b) Wer rastet, der rostet.
c) In den Eimer geht nicht mehr, als er fassen kann.
d) Wie in den Wald hineingerufen wird, so schallt es heraus.

2. Aufgabe Hochmut kommt vor dem Fall.

a) Wer sich selbst erhöht, der soll erniedrigt werden.
b) Wer über sich haut, dem fallen bald Späne in die Augen.
c) Wer bereuen kann, der hat seinen Hochmut eingebüßt.
d) Wer im Glashaus sitzt, soll nicht mit Steinen werfen.

3. Aufgabe Wer sich in Gefahr begibt, kommt darin um.

a) Wer einmal lügt, dem glaubt man nicht.
b) Was Jupiter darf, darf der Ochse noch lange nicht.
c) Vorsicht ist besser als Nachsicht.
d) Wer sich unter die Kleie mischt, den fressen die Schweine.

4. Aufgabe Wie die Alten sungen, so zwitschern die Jungen.

a) Wer A sagt, muss auch B sagen.
b) Reden ist Silber, Schweigen ist Gold.
c) Junge fiedeln, wie Alte die Geigen gestimmt haben.
d) Jung gewohnt, alt getan.

Lösungen

1. Aufgabe d)

Je nachdem, wie man etwas macht bzw. vorbereitet, bekommt man ein entsprechendes Ergebnis.

2. Aufgabe b)

Eine Warnung vor Selbstüberschätzung. Jeder ist angreifbar und nicht fehlerfrei. Tut man so, als wäre man es doch, wird man dafür die Quittung bekommen.

3. Aufgabe d)

Das Sprichwort meint, dass man sich vor Gefahren hüten soll, da man diese sonst unter Umständen nicht überlebt. Bei Lösung d) ist man so konform mit der Kleie, dem Schweinefutter, dass diese einen nicht bemerken und mit auffressen.

4. Aufgabe c)

Jemand Älteres »erzieht« einen Jüngeren, der dann die Meinung des Alten so übernimmt und in Zukunft vertritt.

Bearbeitungstipps

Diese Art der Aufgabe lässt sich dadurch trainieren, dass man im Vorfeld versucht, sich die gängigsten Sprichwörter einzuprägen. Es kann aber auch immer mal vorkommen, dass Sie ein Sprichwort nicht kennen. In diesem Fall hilft nur der Versuch, sich die Bedeutung herzuleiten. Aber: Vermeiden Sie auf jeden Fall, sich zu verzetteln. Wenn Sie mit einer Lösung nicht weiterkommen, so lassen Sie diese Aufgabe besser aus und versuchen Sie, eine leichtere zu lösen.

Schlussfolgerungen

Bei diesem Aufgabentyp müssen Sie die gestellten Fragen unter Berücksichtigung der Informationen, die Sie bekommen, beantworten.

1. Aufgabe Welches Auto ist am schnellsten?
Auto A ist langsamer als Auto C.
Auto D ist langsamer als Auto B, aber schneller als Auto C.

2. Aufgabe Sechs Freunde haben eine Abmachung getroffen: Immer wenn einige von ihnen gemeinsam essen gehen, wird für alle das gleiche Gericht bestellt. Da ihre Lieblingsgerichte sehr unterschiedlich sind, muss sich jeweils ein Freund nach dem anderen richten. Bernd z. B. isst gern Suppen, aber zusammen mit Klaus essen sie beide gemeinsam Braten. Emil und Detlef entscheiden sich zusammen immer für Fisch, wenn aber Andreas mitessen soll, bestellen die drei Salat. Klaus isst zusammen mit Detlef Spaghetti, obwohl er eigentlich lieber etwas anderes essen würde. Franz, der am liebsten Eierspeisen isst, richtet sich immer nach Bernd.

Was wird bestellt, wenn alle sechs Freunde zusammen essen gehen?

a) Hühnchen
b) Braten
c) Salat
d) Spaghetti
e) Fisch
f) keine Lösung ist möglich
g) Eierspeisen
h) Suppe

Lösungen

1. Aufgabe

Auto B ist am schnellsten.
(»<« steht für »kleiner als«, »>« für »größer als«.)
1. Aussage: A < C.
2. Aussage: C < D < B.
Daraus folgt: A < C < D < B – d. h.: Auto B ist am schnellsten.

2. Aufgabe

c) Salat
Alle Freunde gehen zusammen essen, und es wurde die Abmachung getroffen, dass sich je ein Freund nach dem anderen richten muss. Sie müssen nun sehen, welcher der sechs Freunde den größten »Einfluss« hat, d. h., nach wem sich letztlich gerichtet wird. Zur Verdeutlichung des »Einflusses« werden Relationszeichen benutzt. Z. B. folgt aus der ersten Aussage (»Bernd z. B. isst gern Suppen, aber zusammen mit Klaus essen sie beide gemeinsam Braten«):

Bernd < Klaus

Es ergeben sich für die anderen im Text getroffenen Aussagen die folgenden Relationen:

Emil = Detlef < Andreas
Klaus < Detlef
Franz < Bernd

Die vier »Ungleichungen« zusammengefasst ergibt sich:

Franz < Bernd < Klaus < Detlef = Emil < Andreas

Andreas hat also den größten »Einfluss«, nach ihm wird sich gerichtet. Da er am liebsten Salat isst und alle das gleiche Gericht essen sollen, wird also Salat bestellt.

3. Aufgabe Topazine werden nicht am häufigsten gefunden,
jedoch häufiger als Diamantine.
Rubintine und Turkisine findet man gleich oft,
aber Ametistine werden doch häufiger gefunden.
Jedoch werden Ametistine seltener als Topazine gefunden.
Topazine sind viel schöner als Ametistine.
Granatine findet man nicht so oft wie Diamantine.

Welche Edelsteine findet man am häufigsten?

a) Topazine
b) Rubintine und Turkisine
c) keine Lösung möglich
d) Turkisine
e) Diamantine
f) Granatine
g) Rubintine
h) Ametistine

3. Aufgabe c) keine Lösung möglich

Diamantine < Topazine
Rubintine / Turkisine < Ametistine
Ametistine < Topazine
Granatine < Diamantine

Aussagen wie »Topazine sind schöner als Ametistine« sollen nur verwirren und müssen nicht beachtet werden.
Es ergibt sich: Granatine < Diamantine < Topazine und Rubintine / Turkisine < Ametistine < Topazine, womit Topazine am häufigsten gefunden werden würden. Aber: Die erste Aussage ist, dass Topazine *nicht* am häufigsten gefunden werden. Somit ist hier keine Lösung möglich.

Bearbeitungstipps

Die in den Texten präsentierten Objekte (Edelsteine; Personen, die essen gehen usw.) sind in eine bestimmte Reihenfolge zu bringen. Dabei handelt es sich um eine Rangfolge nach Kriterien wie z. B. Größe, Wert, Leistung, die die Beziehungen der Objekte untereinander auf den ersten Blick deutlich werden lassen. Nicht immer ist dabei eine eindeutige Beziehung zwischen einzelnen Objekten notwendig, gegeben bzw. möglich, um zur Lösung zu gelangen. Es gibt also auch den Fall, dass aufgrund der gegebenen Informationen keine Aussage möglich ist.

Eine wesentliche Hilfe, die Objektverhältnisse zu bestimmen, liegt in der verkürzten Darstellung, wie in der Lösung der 1. Aufgabe angegeben.

Absurde Schlussfolgerungen

Bei diesem Aufgabentyp müssen Sie überprüfen, ob Schlussfolgerungen, die aufgrund bestimmter Behauptungen getroffen werden, formal richtig oder falsch sind. Die »reale Wirklichkeit« spielt dabei überhaupt keine Rolle, was die Sache erheblich erschwert und – wie so oft in Tests – Verwirrung stiftet.

1. Aufgabe

Nur schlechte Menschen betrügen oder stehlen. Elfriede ist gut.
Welche Aussage ist richtig?

a) Elfriede betrügt.
b) Elfriede stiehlt.
c) Elfriede stiehlt nicht.
d) Elfriede betrügt und stiehlt.
e) Elfriede betrügt nicht.
f) Elfriede ist ein guter Mensch.
g) Elfriede ist gut.

2. Aufgabe

Bälle können alles beißen. Alle Hunde sind Bälle, und alle Katzen sind rund, weil sie Bälle gerne essen.

1. Behauptung:
Alle Hunde können beißen.

a) stimmt
b) stimmt nicht

2. Behauptung:
Alle Bälle sind rund.

a) stimmt
b) stimmt nicht

3. Behauptung:
Bälle können Katzen beißen.

a) stimmt
b) stimmt nicht

Lösungen

1. Aufgabe

g)

a) bis f) sind falsch, da keine Aussage darüber getroffen wurde, ob Elfriede ein Mensch ist. Elfriede könnte folglich auch ein Hund sein. Aus der Aufgabe ist keine Schlussfolgerung möglich, ob Elfriede betrügt oder stiehlt (oder beides). Daher sind die Lösungsvorschläge a) bis f) nicht zutreffend. g): Dass Elfriede gut ist, steht bereits in der Aufgabenstellung. Daher ist diese Lösung als Einzige richtig.

2. Aufgabe

1. Behauptung

a)

Wenn alle Hunde Bälle sind und Bälle alles beißen können, dann müssen Hunde auch beißen können.

2. Behauptung

b)

In der Aufgabenstellung wurde nie behauptet, dass Bälle rund sind. Die Realität ist ausgeschaltet, sodass Bälle auch eckig sein könnten.

3. Behauptung

a)

In der Aufgabenstellung wurde behauptet, dass Bälle alles beißen können. Folglich können Bälle auch Katzen beißen.

3. Aufgabe Manche Menschen sind Europäer. Alle Europäer haben drei Beine.
Welche Behauptungen sind richtig, welche falsch?

a) Manche Menschen haben drei Beine.
b) Europäer, die Menschen sind, haben drei Beine.
c) Menschen mit zwei Beinen sind keine Europäer.
d) Europäer sind Menschen mit drei Beinen.
e) Europäer mit zwei Beinen sind manchmal Menschen.

4. Aufgabe Alle Bleistifte können lesen. Alle Bücher können schreiben.

Behauptung:
Bleistifte können Bücher schreiben.

a) stimmt
b) stimmt nicht

3. Aufgabe *Behauptung a)*

Manche Menschen sind Europäer, und die haben drei Beine, also haben auch manche Menschen drei Beine. Die Aussage a) ist demnach korrekt.

Behauptung b)

Es gilt die gleiche Erklärung wie bei Behauptung a).
Aussage b) ist korrekt.

Behauptung c)

Alle Europäer (die übrigens keine Menschen sein müssen!) haben drei Beine und nur manche Menschen sind Europäer. Manche Menschen mit zwei Beinen sind folglich keine Europäer. Aussage c) ist korrekt.

Behauptung d)

Es wurde keine Aussage darüber getroffen, dass alle Europäer Menschen sind. Demnach kann es auch Europäer geben, die keine Menschen sind. Daher ist die Aussage falsch.

Behauptung e)

Laut Aufgabenstellung gibt es keine Europäer mit zwei Beinen. *Alle* Europäer haben drei Beine. Daher ist die Aussage falsch.

---

4. Aufgabe *b)*

Bleistifte und Bücher stehen in keiner Beziehung zueinander. Bleistifte können lesen. Über das Schreiben wurde keine Aussage getroffen.

5. Aufgabe Bücher können schreiben, aber nicht lesen. Bleistifte können lesen, aber nicht schreiben. Brillen können lesen und schreiben.

1. Behauptung:
Brillen sind intelligenter als Bücher und Bleistifte.
a) stimmt
b) stimmt nicht

2. Behauptung:
Bleistifte können von Brillen nicht zum Schreiben benutzt werden.
a) stimmt
b) stimmt nicht

5. Aufgabe

1. Behauptung

b)

Es wurden zwar Aussagen über lesen und schreiben getroffen, nicht aber über Intelligenz. Die Schlussfolgerung ist daher unzulässig.

2. Behauptung

b)

Brillen können schreiben, Bleistifte nicht. Aber aus den Prämissen geht nicht hervor, ob Brillen mit Bleistiften schreiben können oder nicht.

Bearbeitungstipps

In der Tat werden solche Aufgaben häufig als Teufelswerk verstanden. Wird man damit in einer Bewerbungssituation erstmalig und unvorbereitet konfrontiert, verliert man leicht den Boden unter den Füßen. Anhand der folgenden zwei Übungsbeispiele wollen wir Ihnen erklären, wie man solche Aufgaben löst.

Behauptung: Alle Häuser sind Fische. Alle Fische sind Katzen.

1. Schlussfolgerung: Deshalb sind alle Häuser Katzen.

a) stimmt

b) stimmt nicht

2. Schlussfolgerung: Deshalb sind alle Katzen Häuser.

a) stimmt

b) stimmt nicht

Die erste Schlussfolgerung scheint einigermaßen nachvollziehbar (Lösung: 1. a). Bei der zweiten Schlussfolgerung, die ja eigentlich wie die erste konstruiert wurde, gibt es folgende Abweichung: Plötzlich wird ein Umkehrschluss gezogen. Also: Weil alle Häuser Fische und alle Fische Katzen sind, sollen jetzt auch gleich alle Katzen Häuser sein. Das ist aber nicht so ohne Weiteres logisch. Eine eindeutige Aussage, was Katzen alles sind bzw. sein könnten, liegt nämlich nicht vor (Katzen könnten z.B. auch Menschen sein). Anders bei allen Häusern und bei allen Fischen! Da gibt es eine klare Definition: Häuser sind … Fische sind … Es könnte also durchaus Katzen geben, die z.B. XY sind und und und …

Mit ein wenig Übung und logischem Denken wird es Ihnen gelingen, auch die kniffligsten Aufgaben zu lösen.

Komplexe Schlussfolgerungen

Einige Formen von grafischen und verbalen Schlussfolgerungen haben Sie schon kennengelernt. Ein weiteres Element sind die komplexen Schlussfolgerungen.

Eine Schlussfolgerung ist zu definieren als eine Annahme, die aus bestimmten Informationen oder Beobachtungen abgeleitet werden kann. So kann man z.B. aus der Information »Licht hinter einem Fenster« folgern, dass jemand zu Hause ist. Dies muss aber nicht stimmen, da möglicherweise beim Verlassen des Hauses nur vergessen wurde, das Licht zu löschen.

In dem folgenden Test finden Sie Aufgaben mit einem kurzen Einleitungstext, der Informationen enthält. Nehmen Sie diese als Tatsache an. Dann werden Ihnen zu diesem Text mehrere mögliche Schlussfolgerungen präsentiert. Prüfen Sie für jede einzelne Schlussfolgerung den Grad ihrer Berechtigung. Dabei ergeben sich folgende Möglichkeiten:

- *W = wahr.* Die Schlussfolgerung ergibt sich ohne jeden Zweifel aus den präsentierten Tatsachen.
- *WW = wahrscheinlich wahr.* Die Schlussfolgerung ist wahrscheinlich wahr.
- *NZB = nicht zu beurteilen.* Der Text enthält nicht genügend Informationen, um zu beurteilen, ob die Schlussfolgerung wahr oder falsch ist.
- *WF = wahrscheinlich falsch.* Die Schlussfolgerung muss aufgrund der angeführten Informationen als wahrscheinlich falsch beurteilt werden.
- *F = falsch.* Die Schlussfolgerung ist mit Sicherheit als falsch zu beurteilen.

1. Aufgabe

Die Anzahl der Studenten nimmt in Deutschland ständig zu. Immer mehr Studierende müssen zur Finanzierung ihres Studiums nebenbei arbeiten. Nach einer repräsentativen Umfrage sind 56 % der Studenten über die Semesterferien hinaus berufstätig. Der Frankfurter Soziologe Albinoni zieht daraus den Schluss:
»Je mehr Probleme die Finanzierung des Studiums macht, umso stärker wird die Universität als Belastung empfunden.«

Sind die folgenden Schlussfolgerungen entsprechend den obigen Definitionen wahr (W), wahrscheinlich wahr (WW), nicht zu beurteilen (NZB), wahrscheinlich falsch (WF) oder falsch (F)?

a) 56 % der deutschen Studenten gehen auch während der Vorlesungszeit einem Job nach.
b) Für viele Studenten stellt sich das Studium als eine Belastung dar.

Lösungen

Bearbeitungstipps
Wichtig ist bei solchen Aufgabentypen, dass nicht alle Lösungskategorien (von W bis F) in jeder Aufgabe vorkommen müssen.

1. Aufgabe

a) WF
Dem Text ist lediglich zu entnehmen, dass 56% der »Studenten in Deutschland« nebenher arbeiten. Da es an deutschen Unis nicht nur Studenten mit deutscher Staatsangehörigkeit gibt, ist anzunehmen, dass der Wert sich unterscheidet.

b) WW
Diese Schlussfolgerung kann man als nur wahrscheinlich wahr beurteilen, denn sie steht zwar im Einklang mit der Aussage des Soziologen, ist aber natürlich keine absolute, »letzte« Wahrheit. Was wirklich als wichtiger empfunden wird, steht nicht im Text.

c) Für viele Studenten ist der Gelderwerb für den Lebensunterhalt auch während der Vorlesungszeit genauso wichtig wie das Lernen für das Studium.
d) Die Zahl der berufstätigen Studenten in Deutschland nimmt in Relation genauso zu wie die Zahl der Studenten.
e) Über 80 % der Studenten arbeiten während der Semesterferien.

2. Aufgabe Nach Gewerkschaftsangaben werden Büroangestellte fast ebenso schnell krank wie Arbeiter in der Fabrik. Während Fließbandarbeiter im Schnitt mit 53,5 Jahren wegen Krankheit frühberentet werden, scheiden Büroangestellte mit durchschnittlich 54,3 Jahren wegen Arbeitsunfähigkeit aus ihrem Beruf aus. So erreicht nur ein Drittel aller Berufstätigen das Rentenalter arbeitend.

a) Die Krankheitsursachen bei Büroangestellten liegen in den zwischenmenschlichen Beziehungen mit Vorgesetzten und Kollegen.
b) Arbeit im Büro ist fast genauso anstrengend wie Arbeit in einer Fabrik.
c) Büroangestellte arbeiten durchschnittlich genau ein Jahr länger als die Fließbandarbeiter.
d) Die Gewerkschaft fordert daraufhin wenigstens eine bessere psychologische Betreuung für Büroangestellte.
e) Die statistischen Daten der Gewerkschaft bezogen auf weibliche Angestellte unterscheiden sich von den Angaben, die männliche Arbeiter betreffen.

c) WF

Der obige Text enthält keine eindeutigen Informationen für eine derart krasse Beurteilung, sie ist aber auch nicht mit absoluter Sicherheit als »falsch« auszuschließen, es gibt jedoch Hinweise in dieser Richtung.

d) F

Diese Verknüpfung – steigende Studentenzahl / steigende Zahl der berufstätigen Studenten – ist willkürlich, dafür gibt es keine Informationen.

e) NZB

Aus dem Text nicht zu beurteilen, wenn auch vorstellbar.

---

2. Aufgabe

a) NZB

Diese Aussage lässt sich nicht beurteilen. Über das Verhältnis von Vorgesetzten und Kollegen wird im Text keine Aussage getroffen. Daher kann diese Aussage sowohl richtig als auch falsch sein. Für uns ist sie daher nicht zu beurteilen.

b) WW

Es wird nur eine Aussage getroffen, dass Büroangestellte und Arbeiter fast gleich schnell krank werden. Daraus kann man nur folgern, dass die Arbeit ähnlich belastend ist – was die Statistiken in der Aufgabenstellung auch bestätigen. Deshalb ist diese Aussage wahrscheinlich wahr.

c) F

Es wird im Text eine Aussage getroffen, dass Fließbandarbeiter durchschnittlich ein Jahr früher in Frührente gehen als ihre Kollegen im Büro. Das heißt aber nicht, dass diese fast genau ein Jahr länger arbeiten, da es hier nur um die Frührente, nicht aber um die Gesamtlebensarbeitszeit geht. Deshalb ist diese Aussage falsch.

d) NZB

Diese Aussage kann zutreffen, lässt sich dem Text aber nicht entnehmen oder daraus folgern.

e) NZB

Diese Aussage kann zutreffen, lässt sich dem Text aber nicht entnehmen oder daraus folgern.

Schlussfolgerungen und Syllogismen

Diesen Aufgabentypus kennen Sie schon aus Schlussfolgerungen, absurden Schlussfolgerungen und auch in gewisser Weise aus der vorhergehenden Aufgabe (komplexe Schlussfolgerungen). Hier noch einmal derartige Aufgaben, allerdings in einer anderen Präsentationsform.

Auf jede der folgenden zwei Aussagen (Prämissen) folgen mehrere Schlussfolgerungen. Nehmen Sie die beiden Prämissen als wahre Aussagen an und entscheiden Sie für die Schlussfolgerungen, ob sie *zwingend* aus ihnen folgen oder nicht. Lassen Sie sich dabei nicht durch ihre Meinung beeinflussen, sondern richten Sie Ihr Urteil nur nach den vorgegebenen beiden Aussagen. Stets ergeben sich folgende Möglichkeiten:

A: folgt
B: folgt nicht

1. Aufgabe Manche Feiertage sind verregnet. Alle verregneten Feiertage sind langweilig, also …

a) … ist kein sonniger Tag langweilig.
b) … sind einige Feiertage langweilig.
c) … sind einige Feiertage nicht langweilig.

2. Aufgabe Alle ernst zu nehmenden Krankheitssymptome beeinträchtigen die Lebensqualität. Einige ernst zu nehmende Krankheitssymptome sind lebensgefährlich.

a) Einige ernst zu nehmende, lebensgefährliche Krankheitssymptome beeinträchtigen die Lebensqualität nicht.
b) Alle ernst zu nehmenden Krankheitssymptome, die die Lebensqualität beeinträchtigen, sind lebensgefährlich.
c) Alle ernst zu nehmenden Krankheitssymptome, die lebensgefährlich sind, beeinträchtigen die Lebensqualität.

Lösungen

1. Aufgabe

a) B: Dies folgt nicht, da keine Aussage darüber erfolgt, ob sonnige Tage langweilig sind oder nicht.

b) A: Dies folgt, denn manche Feiertage sind verregnet, und verregnete Tage sind langweilig. Demnach gibt es einige Feiertage, die langweilig sind.

c) B: Dies folgt nicht, weil es keine Aussage gibt, dass Feiertage auch nicht langweilig sein können.

2. Aufgabe

a) B: *Alle* ernst zu nehmenden Krankheitssymptome beeinträchtigen die Lebensqualität, somit gibt es keine ernst zu nehmenden, die dies nicht tun. Dabei ist es unerheblich, ob diese ernst zu nehmenden auch lebensgefährlich sind. Also ist Lösung B korrekt.

b) B: Es gibt auch ernst zu nehmende Krankheitssymptome, die nicht lebensgefährlich sind. B ist die korrekte Antwort.

c) A: Wieder gilt, dass *alle* ernst zu nehmenden Krankheitssymptome die Lebensqualität beeinträchtigen. Somit auch die lebensgefährlichen. Also muss Antwort A die richtige sein.

3. Aufgabe Einige Politiker sind korrupt. Alle Politiker sind ehrgeizig.

a) Es gibt Politiker, die ehrgeizig und korrupt sind.
b) Politiker, die ehrgeizig sind, sind korrupt.
c) Korrupte Politiker sind ehrgeizig.

4. Aufgabe Alle Bankräuber, die die Bank X im Jahre 2012 überfielen, trugen eine getönte Brille. Bankräuber, die keine getönte Brille tragen, lassen sich leicht von Zeugen wiedererkennen.

a) 2012 haben alle Bankräuber in der Stadt X eine getönte Brille getragen.
b) Die Bank X wurde von Bankräubern überfallen, die getönte Brillen trugen.
c) Bankräuber tragen eine getönte Brille, um nicht wiedererkannt werden zu können.

5. Aufgabe Manche Leute vertragen sich wie Hund und Katze. Einige Personen halten Haustiere.

a) Es gibt Haustierbesitzer, die sich wie Hund und Katze vertragen.
b) Manche Leute vertragen Haustiere nicht.
c) Leute, die sich wie Hund und Katze vertragen, halten keine Haustiere.

Was sind Syllogismen?
Der Duden gibt folgende Definition: Syllogismen sind der aus drei Urteilen bestehende Schluss vom Allgemeinen auf das Besondere. Wie es in der Praxis aussieht, haben Sie eben erfahren …

3. Aufgabe

a) A: Einige Politiker sind korrupt, aber alle sind ehrgeizig. Dadurch gibt es auch welche, die ehrgeizig und korrupt sind.

b) B: Der Rückschluss, dass alle ehrgeizigen Politiker auch korrupt sind, ist nicht zulässig, da nur einige Politiker korrupt sind. Somit muss es auch Politiker geben, die nur ehrgeizig und nicht korrupt sind. Folglich ergibt sich Lösung B.

c) A: Wie oben gilt: Einige Politiker sind korrupt, aber alle sind ehrgeizig. Daher sind auch alle korrupten Politiker ehrgeizig. Lösung A ist korrekt.

4. Aufgabe

a) B: Es handelt sich in der Aussage um die Bank X, sodass die Feststellung zur Stadt X nicht geschlussfolgert werden kann. Damit ist B die richtige Lösung.

b) A: Dieser Text steht genau so in der Ausgangsaussage, sodass sich Lösung A ergibt.

c) B: Dies kann nicht gefolgert werden, sodass man B ankreuzen muss. Die Ausgangsaussage besagt, dass Bankräuber, die keine Sonnenbrille tragen, leicht wiederzuerkennen sind. Nun könnte es aber sein, dass Bankräuber mit Brille noch leichter zu erkennen sind. Also ist der hier gemachte Rückschluss nicht zulässig.

5. Aufgabe

a) A: Einige Personen halten sich Haustiere, sind somit Haustierbesitzer. Auch diese können, müssen sich aber nicht mit anderen Leuten wie Hund und Katze vertragen. Somit ist A die korrekte Antwort.

b) B: Es wird keine Aussage getroffen, ob sich Leute mit Haustieren vertragen oder nicht. Somit kann dazu auch keine Angabe gemacht werden und Lösung B ist richtig.

c) B: Manche Leute vertragen sich wie Hund und Katze und einige (die können auch zu manchen gehören!) halten sich Haustiere. Es kann aber Leute geben, die sich wie Hund und Katze vertragen und Haustiere halten. Somit muss auch wieder B angegeben werden.

Tabellen auswerten

Solche Tests sind Ihnen wahrscheinlich noch aus der Schule bekannt. Sie bekommen eine Tabelle präsentiert, unter der sich verschiedene Fragen befinden. Mithilfe der Tabelle sollen diese Fragen beantwortet werden. Beachten Sie, dass jeweils nur eine Antwort richtig ist. Normalerweise dürfen Sie bei solchen Aufgaben Nebenrechnungen auf einem Extrablatt durchführen und sich Notizen machen.

Anzahl der Individuen von Maulwurfspopulationen									
	Ort X			Ort Y			Ort Z		
	Individuen		Nachwuchs	Individuen		Nachwuchs	Individuen		Nachwuchs
Jahr	m	w		m	w		m	w	
2008	103	78	102	47	23	6	342	504	432
2009	143	150	123	37	34	9	643	533	601
2010	120	170	87	67	77	43	448	400	548
2011	112	99	87	78	56	88	397	456	532
2012	167	174	199	131	158	129	664	435	653

Die Daten verstehen sich inklusive Zu- und Abwanderungen der Tiere.

1. Aufgabe Wie groß ist der Unterschied zwischen der niedrigsten und höchsten Individuenzahl (m und w getrennt angesehen!)?

a) 604 m 499 w
b) 723 m 624 w
c) 627 m 510 w
d) 666 m 514 w
e) 689 m 562 w

2. Aufgabe In welchem Jahr hat es in allen drei Orten zusammen die höchste Nachkommenzahl der Maulwurfspopulationen gegeben?

a) 2008
b) 2009
c) 2010
d) 2011
e) 2012

Lösungen

1. Aufgabe c) Im Ort Z war im Jahr 2012 die höchste männliche Individuenzahl zu verzeichnen, im Ort Y im Jahr 2009 die geringste (664 – 37 = 627). Im Ort Z war im Jahr 2009 die höchste weibliche Individuenzahl zu verzeichnen, im Ort Y im Jahr 2008 die geringste (533 – 23 = 510).

2. Aufgabe e) (Jahr 2012 / 981 Nachkommen)

Die höchste Nachwuchszahl der Maulwurfspopulationen hat es an allen drei Orten zusammen im Jahr 2012 gegeben.

- 2008: 102 + 6 + 432 = 540
- 2009: 123 + 9 + 601 = 733
- 2010: 87 + 43 + 548 = 678
- 2011: 87 + 88 + 532 = 707
- 2012: 199 + 129 + 653 = 981

3. Aufgabe Wie hoch war die durchschnittliche Nachkommenzahl aller Individuen in Ort X?

a) 119,2 b) 119,3 c) 119,4 d) 119,5 e) 119,6

4. Aufgabe An welchem Ort und in welchem Jahreswechsel stieg die Nachkommenzahl der Individuen um 50 %?

a) Ort Y 2008 → 2009
b) Ort Z 2010 → 2011
c) Ort X 2009 → 2010
d) Ort X 2011 → 2012
e) Ort Y 2009 → 2010

5. Aufgabe Wie groß war durchschnittlich der Unterschied in der Anzahl der Nachkommen zwischen Ort Y und Ort Z?

a) 497,9 b) 498 c) 498,1 d) 498,2 e) 498,3

3. Aufgabe e) (durchschnittlich 119,6 Nachkommen)

Die durchschnittliche Nachkommenzahl am Ort X betrug 119,6 Individuen.

$$\frac{102+123+87+87+199}{5}=119{,}6$$

---

4. Aufgabe a) (Jahreswechsel 2008/2009)

Im Jahreswechsel von 2008/2009 stieg die Nachkommenzahl am Ort Y um 50 %.

- Allgemeine Formel: $x+(\frac{x}{2})=y$
- dabei: x = Nachkommenzahl im ersten Jahr
- y = Nachkommenzahl im zweiten Jahr

Werte am Ort X:

- 2008/2009 $=102+(\frac{102}{2})=153$ (trifft nicht zu)
- 2009/2010 $=123+(\frac{123}{2})=184{,}5$ (trifft nicht zu)
- 2010/2011 (trifft nicht zu, da laut Tabelle keine Wertänderung)
- 2011/2012 $=87+(\frac{87}{2})=130{,}5$ (trifft nicht zu)

Werte am Ort Y:

- 2008/2009 $=6+(\frac{6}{2})=9$ (trifft zu)

---

5. Aufgabe d) (durchschnittlicher Unterschied 498,2)

Der durchschnittliche Unterschied zwischen der Anzahl der Nachkommen zwischen den Orten Y und Z beträgt 498,2.

- Summe der Nachkommen an Ort Y:
  $6+9+43+88+129=275$
- Durchschnittliche Nachkommenzahl pro Jahr: 55
- Summe der Nachkommen an Ort Z:
  $432+601+548+532+653=2\,766$
- Durchschnittliche Nachkommenzahl pro Jahr: 553,2
- Durchschnittlicher Unterschied: $553{,}2-55=498{,}2$

Textanalyse

Ihre Aufgabe ist es, aus einem vorgegebenen Text die Schlüsse zu ziehen, die sich aus seinem Inhalt unmittelbar ergeben. Beachten Sie dabei bitte, dass Interpretationen nicht zulässig sind.

1. Aufgabe Kreativität ist ein psychologisches Konstrukt. Sein Bedeutungsinhalt schwankt je nach theoretischer Sichtweise. Kreativität umfasst einen schwer bestimmbaren Komplex von Begabungs- und Persönlichkeitsmerkmalen. Allgemein bezeichnet Kreativität Denk- und Handlungsakte aller Art, die vielfältig, neuartig, einfallsreich und originell sind. Die Natur und der Verlauf des kreativen Denkprozesses, der kreativen Persönlichkeitsstruktur, die Bedingungen, Dispositionen und Effekte werden schon seit Langem erforscht. Man geht davon aus, dass jeder kreative Fähigkeiten mit allen möglichen Abstufungen besitzt und sie entwicklungsfähig sowie zu einem gewissen Grade lernbar sind.

a) Das, was Kreativität ausmacht, wird in der Literatur einhellig beschrieben.
b) Kreativität bezeichnet nur die Denkvorgänge, die vielfältig, neuartig, einfallsreich und originell sind.
c) Seit Kurzem erforscht man die Natur und den Verlauf des kreativen Prozesses.
d) Kreativität ist ein Konstrukt, das sich die Psychologen ausgedacht haben.
e) Seit Langem erforscht man, welche Persönlichkeitsstrukturen als kreativ zu bezeichnen sind.
f) Es wird angenommen, dass alle kreativen Personen entwicklungsfähig sind.
g) Es ist erforscht, welche Begabungs- und Persönlichkeitsmerkmale zur Kreativität zählen.

Lösungen

1. Aufgabe e)

a) Nein, der Bedeutungsinhalt schwankt.
b) Nein, Kreativität bezieht sich auch auf Handlungsakte.
c) Nein, seit Langem erforscht man die Natur und den Verlauf des kreativen Prozesses.
d) Nein, wer sich das ausgedacht hat, steht nicht im Text, es ist ein psychologisches Konstrukt.
e) Ja, das wird seit Langem erforscht.
f) Nein, die Kreativität ist entwicklungsfähig, nicht die Personen.
g) Nein, es ist ein schwer bestimmbarer Komplex von Begabungs- und Persönlichkeitsmerkmalen.

Bearbeitungstipps

Diese Aufgaben sind relativ leicht zu lösen: Vergegenwärtigen Sie sich, dass keine Interpretationen zulässig sind, sondern nur reine Schlussfolgerungen. Je enger Sie am Text arbeiten, desto weniger Fehler werden Ihnen unterlaufen. Versuchen Sie daher, die zur Aufgabe passende Textstelle zu finden und mit der Aussage zu vergleichen. Nur wenn diese zusammenpassen oder sich logisch ergeben, kann die Aussage richtig sein. Als Hilfestellung können Sie sich auch wichtige Passagen im Text unterstreichen bzw. farbig markieren. Sie werden schnell merken: Je mehr Sie üben, desto leichter werden Ihnen die Aufgaben fallen.

2. Aufgabe Der Begriff Intelligenz wurde nach der Jahrhundertwende von Binet geprägt, der Intelligenz noch als einheitliche Fähigkeit definierte, die in variierender Ausprägung allen Individuen zukommt. Sehr bald jedoch wich man von diesem Intelligenzbegriff ab. Es konnte nachgewiesen werden, dass sich die Mannigfaltigkeit der Intelligenzleistungen mit einer begrenzten Anzahl voneinander unabhängiger Fähigkeiten erklären lässt. Intelligenz ist die allgemeine Fähigkeit eines Individuums, sein Denken bewusst auf neue Forderungen einzustellen. Sie ist die allgemeine geistige Anpassungsfähigkeit an neue Aufgaben und Bedingungen des Lebens. Der Forschungsgegenstand der Intelligenz beschränkt sich weitgehend auf die Beschreibung und die Erklärung intellektuellen Leistungsverhaltens, die zurückzuführen sind auf eine oder mehrere Fähigkeiten.

a) Der Intelligenzbegriff wurde schon immer in der gleichen Weise definiert.
b) Intelligenz bezeichnet die Fähigkeit, sich unbewusst auf unbekannte Forderungen einzustellen.
c) Wer sich auf neue Bedingungen und auch Aufgaben des Lebens einstellen kann, ist intelligent.
d) Die Intelligenzleistungen lassen sich mit einer voneinander abhängigen begrenzten Anzahl von Fähigkeiten erklären.
e) Die Mannigfaltigkeit der Intelligenzleistungen beruht auf einer Annahme der Forscher.
f) Die Beschreibung und die Erklärung des intellektuellen Leistungsverhaltens sind auf eine bestimmte Fähigkeit zurückzuführen.
g) Zu Beginn der Überlegungen, was Intelligenz sei, definierte man Intelligenz als uneinheitliche Fähigkeit einer jeden Person.

2. Aufgabe c)

a) Nein, der Intelligenzbegriff wurde im Laufe der Jahre auf verschiedene Weisen definiert.

b) Nein, Intelligenz meint ein bewusstes Einstellen auf neue Forderungen.

c) Ja, wer geistig anpassungsfähig ist in Bezug auf neue Aufgaben und Bedingungen des Lebens, ist intelligent.

d) Nein, die Fähigkeiten bzw. Faktoren sind unabhängig.

e) Nein, die Forscher konnten das nachweisen.

f) Nein, es können auch mehrere Fähigkeiten sein.

g) Nein, Intelligenz wurde als einheitliche Fähigkeit definiert.

3. Aufgabe Menschen sind in der Lage, Nutzpflanzen in ihrer Entwicklung gezielt zu steuern, wobei die Menschen ihre Bedürfnisse in den Vordergrund stellen. In der Regel wollen die Forscher, dass die Pflanzen möglichst schnell wachsen und einen größtmöglichen Ertrag liefern. Das kann zu Einschränkungen der natürlichen Abwehrkräfte der Pflanzen führen. Die Abwehrstoffe der Pflanzen unterscheiden sich abhängig von dem Ort, wo sie leben und mit welchen Schädlingen sie konfrontiert werden. Der eingeschränkte Abwehrmechanismus hat den Effekt, dass Pestizide eingesetzt werden müssen, damit die Pflanzen vor Schädlingen geschützt sind, gegen die ihre natürlichen Abwehrkräfte nicht mehr ausreichen. Dies geschieht, obwohl die Pflanzen von Natur aus die Fähigkeit haben, sich aufgrund der Vielfalt ihrer Gene an die Bedrohung durch unterschiedliche Schädlinge anzupassen.

a) Die Abwehrstoffe unterscheiden sich unabhängig von der Gegend, in der die Pflanzen leben.
b) Die Bedürfnisse der Menschen werden bei der Erforschung von Nutzpflanzen denen der Pflanzen untergeordnet.
c) Unabhängig, mit welchen Schädlingen Pflanzen zu tun haben, unterscheiden sich die Abwehrstoffe der Pflanzen nicht.
d) Es müssen Pestizide für den Aufbau der Abwehrkräfte eingesetzt werden.
e) Weil die manipulierten Pflanzen die Fähigkeit haben, sich an die Bedrohung durch unterschiedliche Schädlinge anzupassen, sind sie vor ihnen geschützt.
f) Pestizide müssen eingesetzt werden, weil durch die menschliche Manipulation der Pflanzen die natürlichen Abwehrkräfte herabgesetzt werden.
g) Bei der gezielten Steuerung der Entwicklung von Pflanzen stehen die Bedarfe von Entwicklungsländern im Vordergrund.

3. Aufgabe f)

a) Nein, sie sind abhängig von dem Ort, an dem die Pflanzen leben.

b) Nein, es ist umgekehrt.

c) Nein, sie unterscheiden sich in Abhängigkeit des Kontaktes mit der Schädlingsart.

d) Nein, der Einsatz gilt dem Schutz der Pflanzen vor den Schädlingen.

e) Nein, diese Fähigkeit besteht nur noch vermindert, weswegen Pestizide eingesetzt werden müssen.

f) Ja, Pestizide werden aus diesem Grund eingesetzt.

g) Nein, über solche Hintergründe wird im Text nichts gesagt.

Text-Schlussfolgerungen

Ähnlich der Textanalyse ist es hier Ihre Aufgabe, aus einem vorgegebenen Text die Schlüsse zu ziehen, die sich unmittelbar aus seinem Inhalt ergeben. Dabei können auch mehrere Lösungen zutreffend sein. Beachten Sie jedoch, dass Interpretationen erneut nicht zulässig sind.

1. Aufgabe Die Schulleistungen in Deutsch, Mathematik und Sachkunde der Grundschüler in Bayern sind gegenüber denen in Niedersachsen besser. In beiden Bundesländern ist die Voraussetzung zur Gymnasialempfehlung eine »2« in diesen Fächern.

a) Die Lernmotivation der Schüler/-innen in Bayern ist höher als die der Schüler/-innen in Niedersachsen.
b) Die Lehrer in Bayern sind besser ausgebildet und machen effektiveren Unterricht.
c) Eine Aussage, ob mehr Schüler in Bayern oder in Niedersachsen eine Gymnasialempfehlung erhalten, ist aus dem Textinhalt nicht möglich.
d) Die Schüler/-innen in Niedersachsen sind in Testsituationen nervöser, sodass schlechtere Ergebnisse zustande kommen.

2. Aufgabe Die Bevölkerung in der Bundesrepublik Deutschland schrumpft (in absoluten Zahlen) und wird (im Durchschnitt) immer älter. Die ältere Generation spielt gerne Golf.

a) Die Zahl der für den Arbeitsmarkt zur Verfügung stehenden Personen nimmt ab.
b) Freizeitangebote wie Golfspielen werden immer häufiger angenommen.
c) Es gibt immer mehr Ärzte, weil ältere Personen von Krankheit eher betroffen sind als jüngere.
d) Der Fachkräfteanteil der arbeitenden Bevölkerung verringert sich.

Lösungen

1. Aufgabe c

a) Stimmt nicht. Eine höhere Lernmotivation muss nicht zu besseren Schulleistungen führen.

b) Stimmt nicht. Eine bessere Ausbildung von Lehrern führt nicht zwangsläufig zu besseren Schulleistungen der Schüler.

c) Stimmt. Im Text wird nur eine Aussage getroffen, in welchen Fächern die Schüler in Bayern besser sind als die Schüler in Niedersachsen. Ob dies auch ausschlaggebend für Gymnasialempfehlungen ist, geht aus dem Text nicht hervor.

d) Diese Aussage ist so nicht zu beurteilen, stimmt im Zweifelsfall nicht. Dass die Schüler nervöser sind, ist reine Spekulation.

2. Aufgabe a, b, d

a) Stimmt. Wenn die Bevölkerungszahl schrumpft, nimmt dementsprechend die Zahl der Erwerbstätigen ab.

b) Stimmt. Nimmt die Anzahl der Älteren zu und golft diese Personengruppe gerne, nehmen auch Freizeitangebote wie Golfspielen zu.

c) Stimmt nicht. Es gibt nicht mehr Ärzte, weil mehr Personen von Krankheit betroffen sind.

d) Stimmt nicht, da der Fachkräfteanteil ein Prozentsatz ist und dieser nicht von der (absoluten) Anzahl der arbeitenden Bevölkerung abhängt.

3. Aufgabe Lachen ist ein Gesichtsausdruck und ist bekanntermaßen gesund, weil es das Immunsystem anregt und dabei Glückshormone ausgeschüttet werden.

a) Derjenige, der sehr selten lacht, wird krank.
b) Viele wissen, dass Lachen gesund ist.
c) Wenn jemand viel lacht, tut er Gutes für seine Gesundheit.
d) Die Teilnahme an »Lachseminaren« erfreut sich immer größerer Beliebtheit, weil viele Menschen wissen, dass Lachen gesund ist.

4. Aufgabe Für Eigennutzer und auch für Anleger sind neu gebaute Wohnungen und Häuser in städtischen Gegenden begehrter als je zuvor.

a) Der Preis für eine Immobilie, die in der Stadt liegt, ist sehr hoch.
b) Alte Wohnungen und Häuser in städtischen Gegenden sind nicht begehrt.
c) Früher waren Neubauten in urbanen Wohnanlagen nicht so begehrt wie heute.
d) Diejenigen, die Geld in Immobilien investieren, suchen vermehrt neu gebaute stadtgelegene Wohnungen.
e) Neu gebaute Häuser lassen sich schnell verkaufen.

3. Aufgabe b, c

a) Stimmt nicht. Der Umkehrschluss ist nicht zulässig, weil es viele Faktoren gibt, die zum Kranksein führen können.
b) Stimmt. Es ist eine Volksweisheit, dass Lachen gesund ist.
c) Stimmt. Lachen regt das Immunsystem an, was für die Gesundheit gut ist.
d) Stimmt nicht. Dass immer mehr Menschen an »Lachseminaren« teilnehmen, ist eine Annahme und keine Schlussfolgerung.

---

4. Aufgabe c, d

a) Stimmt nicht. Es gibt mehrere Gründe, warum eine Immobilie teuer ist. Nicht alle Immobilien, die in der Stadt liegen, sind teuer.
b) Stimmt nicht. Es sind möglicherweise auch alte Wohnungen und Häuser begehrt.
c) Stimmt. Sind sie heute begehrter denn je, waren sie demzufolge früher nicht so begehrt.
d) Stimmt. Wenn etwas begehrt ist, wird auch danach gesucht.
e) Stimmt nicht. Wenn eine Sache begehrt ist, muss das nicht bedeuten, dass sie auch schnell verkauft wird.

Unmöglichkeiten

In dieser Aufgabe werden sechs Behauptungen aufgestellt. Entweder fünf sind richtig und eine falsch oder aber fünf sind falsch und nur eine ist richtig. Ihre Aufgabe ist es, die richtige oder die falsche Behauptung herauszufinden.

Ein Tipp vorweg: Versuchen Sie bei diesen Aufgabentypen immer als Erstes, herauszufinden, ob es sich bei der gesuchten Lösung um die eine richtige oder die eine falsche Aussage handelt. Betrachten Sie dazu einfach immer nur zwei Aussagen, bei denen Sie sich der Lösung sicher sind.

Sind beide Ihrer Meinung nach richtig, so ist die falsche Lösung gesucht, sind beide Ihrer Meinung nach falsch, so müssen Sie nach der richtigen Lösung suchen.

1. Aufgabe Es ist völlig unmöglich, dass Schall sich ausbreitet …

a) in Gasen
b) in geschlossenen Räumen
c) in luftleeren Räumen
d) in Flüssigkeiten
e) bei Nebel
f) bei Dunkelheit

2. Aufgabe Die Summe zweier positiver Zahlen ist unmöglich …

a) gleich 0
b) durch 7 teilbar
c) kleiner als 2
d) größer als 2 000 000
e) größer als 1
f) kleiner als 1

Lösungen

1. Aufgabe c)

Nebel und Dunkelheit haben mit der Ausbreitung von Schall nichts zu tun. Somit wird hier die eine richtige Aussage gesucht.
Sauerstoff, Kohlendioxid etc. sind Gase, die wir täglich um uns haben – und trotzdem können wir hören. Damit ist diese Antwort auch definitiv falsch. In geschlossenen Räumen kann man auch noch hören, und Schall breitet sich auch im Wasser aus. Es bleibt also Lösung c) als richtige Lösung übrig (deshalb gibt es auch doppelt verglaste Fenster mit einem Vakuum zwischen den Scheiben als Schallschutzmaßnahme).

2. Aufgabe a)

Da in den Lösungsmöglichkeiten »größer als 1« und »kleiner als 1« angegeben und diese im Sinne der Fragestellung falsch sind (0,4 ist z. B. auch eine positive Zahl), wird hier erneut die eine richtige Lösung gesucht. Diese Lösung muss Antwort a) sein, da 0 keine positive Zahl ist. Positive Zahlen sind generell größer als 0.

3. Aufgabe Bei Gegenverkehr ist es wirklich unmöglich, dass …

a) einem LKWs entgegenkommen
b) man selbst überholt wird
c) Autos am Straßenrand parken
d) Kraftfahrzeuge nur in eine Richtung fahren
e) die Polizei Anstoß nimmt
f) Sichtbehinderungen auftreten

4. Aufgabe Ein Atomkraftwerk kann unmöglich …

a) einen Unfall haben
b) abgestellt werden
c) billigen Strom produzieren
d) ohne Sicherungsvorkehrungen auskommen
e) in Brand geraten
f) von Terroristen besetzt werden

Bearbeitungstipps

Zugegeben ein Aufgabentyp, bei dem der Name Programm zu sein scheint. Aber mit etwas Abstand und Ruhe, vor allem aber Übung ist das dahinterliegende System leicht zu knacken.

Es fängt bei der Aufgabenerklärung an. Diese ist wirklich mit aller Sorgfalt und so viel Ruhe wie möglich zu lesen. Worum geht es? Sechs Aussagen werden getroffen, die es zu untersuchen gilt. Sind die Aussagen zutreffend oder nicht? Gibt es fünf falsche und eine einzige richtige oder umgekehrt fünf richtige und nur eine einzige falsche? Wenn Sie das wirklich begriffen haben, sind Sie schon ein ganzes Stück weiter.

Was die Aufgaben dann erschwert, ist bisweilen der Einsatz einer doppelten Verneinung. Hilfreich ist die Vorstellung, dass ein Richter einen Zeugen befragt. Beispiel:

Aussage: *Auf keinen Fall kann man in der Antarktis auf Räuber stoßen.*
Sie als Richter müssen diese Zeugenaussage beurteilen. Warum sollte man unter keinen Umständen in der Antarktis auf Räuber stoßen können? Der Zeuge lügt, die Aussage ist falsch.
Das Gleiche gilt für die nächste Aussage des Zeugen:

3. Aufgabe d)

Bei Gegenverkehr können einem selbstverständlich LKWs entgegenkommen und man kann auch überholt werden. Es wird hier somit eine richtige Antwort gesucht. Würden Autos nur in eine Richtung fahren, so gäbe es keinen Gegenverkehr, sodass diese Lösung richtig und im Sinne der Fragestellung die gesuchte Antwort sein muss.

4. Aufgabe d)

Verdeutlichen Sie sich auch hier wieder zuerst die gesuchte Lösung: Ist es die eine richtige Aussage oder die eine falsche? Ein AKW kann sowohl einen Unfall haben (Stichwort: Tschernobyl und Fukushima) als auch abgestellt werden. Somit wird die eine richtige Antwort gesucht. Zweifellos kann ein AKW billigen Strom produzieren und von Terroristen besetzt werden. Ohne Sicherheitsvorkehrungen kann es allerdings nicht auskommen, womit Lösung d) hier die gesuchte Antwort ist.

Auf keinen Fall kann man in der Antarktis russische Forscher antreffen. Auch diese »Zeugenaussage« ist als falsch zu beurteilen.

Nächste Aussage: *Auf keinen Fall kann man in der Antarktis englische Touristen sehen.*

Auch diese »Zeugenaussage« ist falsch.

Auf keinen Fall kann man in der Antarktis auf Eisbären treffen.

Diese »Zeugenaussage« ist unter zoologischen Gesichtspunkten richtig, denn nur in der Arktis sind diese Tiere zu Hause.

Die Aussage, dass man in der Antarktis keine Eskimos besuchen und nicht Schlittschuh laufen kann, ist genauso falsch.

Von Vorteil ist ein gutes physikalisches und chemisches Allgemeinwissen wegen der Schwerpunkte in diesen Testaufgaben, die nicht der Fantasie der Autoren entspringen, sondern aus der Testrealität stammen.

Denken Sie immer daran: Übung macht den Meister!

Wochentage

Diese Testaufgabe beschäftigt sich mit Wochentagen. Ihre Aufgabe ist es dabei, den logisch richtigen Tag herauszufinden.

1. Aufgabe Heute ist Montag.
Welcher Tag ist drei Tage nach gestern?

2. Aufgabe Übermorgen ist der 4. Tag nach Samstag.
Welcher Tag war vorgestern?

3. Aufgabe Der Tag, der vor vorgestern lag, liegt 3 Tage nach Samstag.
Heute ist also?

4. Aufgabe Morgen sind es noch 4 Tage bis Sonntag.
Welcher Tag ist übermorgen?

5. Aufgabe Gestern waren bis Sonntag noch 5 Tage.
Welcher Tag ist morgen?

6. Aufgabe Übermorgen in einer Woche ist es zwei Tage vor Dienstag.
Vorgestern war?

Lösungen

1. Aufgabe Mittwoch

Wenn heute Montag ist, war demzufolge gestern Sonntag. Drei Tage dazugerechnet ergibt Mittwoch.

2. Aufgabe Samstag

Wenn übermorgen der 4. Tag nach Samstag ist, so ist heute der 2. Tag nach Samstag, nämlich Montag. 2 Tage zurück = Samstag.

3. Aufgabe Freitag

Drei Tage nach Samstag ist Dienstag. Nun handelt es sich um den Tag, der vor vorgestern war, d. h., es muss drei Schritte vorwärts gegangen werden (der Tag <u>vor</u> vorgestern), sodass man auf heute kommt. Dienstag plus drei Tage ergibt Freitag.

4. Aufgabe Donnerstag

Vom Sonntag 4 Tage zurück = Mittwoch. Nun haben wir aber heute und nicht morgen, müssen also noch einen Tag zurückgehen (abziehen) und kommen auf Dienstag. Übermorgen heißt dann wieder 2 Tage vor, also Donnerstag.

5. Aufgabe Donnerstag

Sonntag minus 5 Tage = Dienstag. Wir haben nun aber gestern und nicht heute, müssen also noch einen Tag dazuzählen und kommen auf Mittwoch. Der Tag nach Mittwoch ist Donnerstag.

6. Aufgabe Mittwoch

Zwei Tage vor Dienstag ist Sonntag. Um von übermorgen auf heute zu kommen, muss man hier 2 Schritte zurückgehen, also Freitag. »In einer Woche« ist vernachlässigbar, der Wochentag ändert sich dadurch nicht. Freitag minus zwei Tage ergibt Mittwoch.

Bearbeitungstipps

Wenn Sie sich mittels einer Vorlage die Schritte langsam verdeutlichen, kommen Sie mit diesem Aufgabentypus besser klar.

Beispiel:

Zwei Tage vor vorgestern war Dienstag. Welcher Tag wird übermorgen sein?

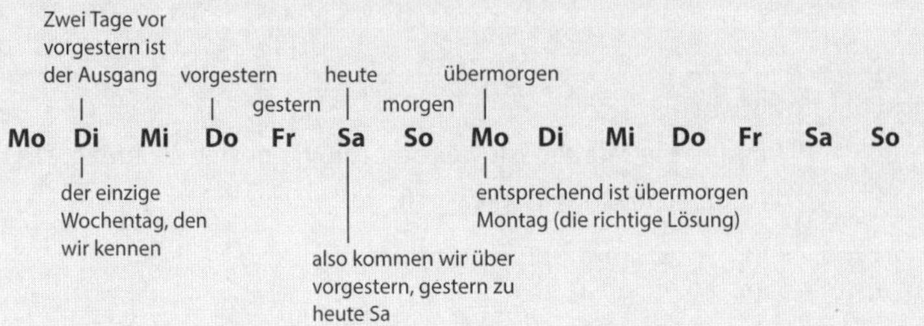

Ein solches Schema wird Ihnen helfen, Aufgaben dieser Art bequem zu lösen. Neben dieser vergleichsweise einfachen Variante gibt es noch sechs weitere Typen, die deutlich schwerer sind, aber weniger häufig vorkommen. (Eine Ausnahme bildet die EDV-Branche, in der diese Typen sehr gerne verwendet werden.)
Eine gängige Vorgehensweise in diesen Variationen ist es beispielsweise, die Reihenfolge der Wochentage neu zu definieren.

Um Ihnen einen Überblick über diese Aufgabentypen zu verschaffen, stellen wir Ihnen im Folgenden die einzelnen Variationen kurz vor.

1. Variante

Die Tage werden nummeriert und mit einer Ordnungszahl (1, 2, 3 …) versehen. In jeder Aufgabe wird ein Wochentag als Basistag bestimmt.

1. Beispiel: Der 3. Tag der Woche ist Mittwoch. Heute ist der 6. Tag der Woche. Welcher Tag ist morgen?
Lösung: Sonntag
Erklärung: Wenn der 3. Tag der Mittwoch ist, so ist der 6. Tag ein Samstag. Morgen wäre also Sonntag. (Basistag in diesem Falle wäre der Montag.)

2. Beispiel: Der 7. Tag der Woche ist Freitag. Wenn übermorgen der 5. Tag ist, welcher Tag war der 2. Tag vor vorgestern?

Lösung: Donnerstag
Erklärung: Wenn Freitag der 7. Tag ist, so ist der 5. Tag ein Mittwoch, dieser wäre übermorgen. Heute wäre also ein Montag. Vorgestern wäre ein Samstag, zwei Tage davor wäre Donnerstag.

Bei diesen Aufgaben muss man den 1. Tag der Woche, den Basistag, herausfinden. Man kann diesen dann anhand der Ordnungszahlen abzählen und schließlich wieder den Wochentag zuordnen. Es ist also ein kleiner Umweg erforderlich.

Mo	1	3
Di	2	4
Mi	3	5
Do	4	6
Fr	5	7
Sa	6	1
So	7	2

Diese Variante muss natürlich im Kopf erfolgen, denn Notizen sind nicht erlaubt.

2. Variante (schwer)

Die Reihenfolge der Wochentage wird umgedreht, Sie zählen rückwärts.
Es gilt nun
So – Sa – Fr – Do – Mi – Di – Mo!

1. Beispiel: Die Wochentage zählen rückwärts. Wenn gestern Samstag war, welcher Tag wird morgen sein?
Lösung: Donnerstag
Erklärung: Gestern war Samstag, also ist heute Freitag und morgen Donnerstag.

2. Beispiel: In drei Tagen haben wir Donnerstag. Welcher Tag ist zwei Tage vor morgen?
Lösung: Montag
Erklärung: In drei Tagen ist Donnerstag, heute wäre demnach Sonntag, morgen wäre Samstag, zwei Tage zurück Montag!

3. Variante (Verschärfung)

Die rückwärts zählenden Wochentage werden nummeriert, d. h., wenn Montag der 1. Tag ist, so ist Sonntag der 2. Tag und Dienstag der 7. Tag. Die Nummerierung erfolgt in jeder Aufgabe neu.

Beispiel: Die Wochentage zählen umgekehrt. Wenn übermorgen der 5. Tag ist, welcher Tag ist dann gestern, wenn der 6. Tag ein Sonntag ist?
Lösung: Donnerstag
Erklärung: Der 6. Tag ist Sonntag; der 5. Tag, also übermorgen, wäre ein Montag; wenn übermorgen Montag ist, so ist heute Mittwoch und gestern Donnerstag!

gestern
heute
übermorgen
6.Tag
So Sa Fr Do Mi Di Mo So Sa

4. Variante (neue Schikane)

Die Reihenfolge der Wochentage wird verschoben, erst kommen die ungeraden, dann die geraden Tage: So – Di – Do – Sa – Mo – Mi – Fr. Diese Reihenfolge ist zwingend für die weiteren Aufgaben!

1. Beispiel:
Wenn vorgestern ein Samstag war, welcher Tag wird übermorgen in drei Tagen sein?
Lösung: Samstag
Erklärung: Vorgestern war Samstag; heute ist also ein Mittwoch, übermorgen ein Sonntag. Drei Tage dazu ergibt wieder Samstag.

2. Beispiel:
Wenn heute Freitag ist, welcher Tag war 5 Tage vor übermorgen?
Lösung: Samstag
Erklärung: Übermorgen ist Dienstag, 5 Tage zurück ergibt Samstag.

5. Variante (verschärfte Schikane)

Die Wochentage werden wieder nummeriert, d. h., die neu definierte Reihenfolge So – Di – Do – Sa – Mo – Mi – Fr bleibt und ein beliebiger Tag wird jeweils zum Basistag bestimmt.

1. Beispiel:
Gestern war der 3. Tag, Sonntag ist der 6. Tag. Welcher Tag ist morgen?
Lösung: Freitag
Erklärung: Wenn Sonntag der 6. Tag ist, so ist, wenn gestern der 3. Tag war, heute der 4. Tag und morgen der 5. Tag, also Freitag.

2. Beispiel:
Übermorgen ist der 6. Tag. Welcher Tag ist heute, wenn der 5. Tag 3 Tage vor Freitag liegt?
Lösung: Donnerstag
Erklärung: Wenn übermorgen der 6. Tag ist, so ist heute der 4. Tag. Basistag ist Freitag, also ist der 4. Tag ein Donnerstag.

2. Tag	3. Tag	4. Tag	5. Tag	6. Tag	7. Tag	1. Tag	2. Tag	3. Tag
So	**Di**	**Do**	**Sa**	**Mo**	**Mi**	**Fr**	**So**	**Di**

6. Variante (Super-Schikane)

Reihenfolge (ungerade – gerade) und Nummerierung werden beibehalten, aber die Wochentage verlaufen in umgekehrter Richtung. Es gilt also jetzt:
Fr – Mi – Mo – Sa – Do – Di – So.
Der 1. Tag wird jeweils in der Aufgabe bestimmt. Ist also z. B. der 2. Tag ein Freitag, so ist der 1. Tag ein Sonntag und der 3. Tag ein Mittwoch.

Beispiel:
Die Reihenfolge der Wochentage zählt umgekehrt. Der 2. Tag ist Freitag. In 4 Tagen wird der 7. Tag sein. Welcher Tag ist heute?
Lösung: Mittwoch
Erklärung: Der 2. Tag ist ein Freitag; in 4 Tagen ist der 7. Tag: Dienstag; 4 Tage zurückgerechnet ergibt Mittwoch.

Zahlenblocktest

Der Zahlenblocktest gehört in die Reihe der Tests, die Ihre visuelle Auffassungsgabe und Konzentrationsfähigkeit testen sollen.

Ihre Aufgabe besteht aus zwei Teilen. Im ersten Teil erhalten Sie eine Zahl genannt, die danach in einem Zahlenblock erneut erscheint. Sie sollen nun eine Aussage darüber treffen, wie oft Sie die Zahl im Zahlenblock wiedererkannt haben. Im zweiten Teil sollen Sie prüfen, ob von zwei zuvor eingeblendeten Zahlen keine, nur die erste, nur die zweite oder beide Zahlen zu sehen waren. Bei beiden Varianten ist die Zeit für das Wiedererkennen der Zahlen unterschiedlich und reicht von lang (ca. 10 Sekunden) bis sehr kurz (2 Sekunden).

1. Aufgabe Bitte zählen Sie im folgenden Zahlenfeld das Vorkommen der Zahl 97. Sie haben hierzu 6 Sekunden Zeit.

2. Aufgabe Anschließend zählen Sie bitte das Vorkommen der Zahlen 13 und 14. Auch hierzu haben Sie 6 Sekunden Zeit.

276521	876328	763987	627592	111654
989765	756676	890989	989000	876876
110019	883947	775509	009898	162435
262784	123456	876765	878787	090897
123213	554545	454897	654754	775765
432135	678789	879767	546548	654645
725364	722288	191817	726367	727272
001919	171773	262635	736352	900087
811100	100837	153338	333666	883736
735363	881716	999775	765775	356543

Lösungen

1. Aufgabe	Fünfmal 97
2. Aufgabe	Zweimal 13 Keinmal 14

276521	876328	763987	627592	111654
989765	756676	890989	989000	876876
110019	883947	775509	009898	162435
262784	123456	876765	878787	090897
123213	554545	454897	654754	775765
432135	678789	879767	546548	654645
725364	722288	191817	726367	727272
001919	171773	262635	736352	900087
811100	100837	153338	333666	883736
735363	881716	999775	765775	356543

3. Aufgabe Bitte zählen Sie im folgenden Zahlenfeld das Vorkommen der Zahl 676. Sie haben hierzu 10 Sekunden Zeit.

4. Aufgabe Anschließend zählen Sie bitte das Vorkommen der Zahlen 100 und 414. Auch hierzu haben Sie 10 Sekunden Zeit.

8856765	7864763	7655643	6577687	4353454
7755344	1121112	4431143	8908876	9896187
5576127	2344235	2551544	1127933	3540933
6561264	8976896	4663654	2387442	9098965
6571289	9248676	5446545	6126466	3113467
5136565	9846546	6756414	3133554	2300432
9667108	8788888	6645234	1167111	9970986
6676175	8788508	7890287	3489366	8780976
1291298	8432466	5711776	4350832	6436414
2456236	4425732	1125232	6736766	7708556

Bearbeitungstipps

Bei diesem Test ist neben Ihrem Konzentrationsvermögen auch Ihre Schnelligkeit / Auffassungsgabe gefragt. Oftmals ist dieser Test so ausgelegt, dass es Ihnen im Rahmen der zur Verfügung stehenden Zeit gar nicht möglich sein wird, alle Aufgaben richtig zu lösen bzw. in diesem Fall alle Zahlen zu markieren / zählen. Lassen Sie sich davon nicht beunruhigen!

In welcher Systematik Sie die Zahlenblöcke bearbeiten wollen, steht Ihnen – so in der Aufgabenstellung nicht anders vorgeschrieben – frei. Üben Sie deshalb zu Hause bereits beide Varianten, also eine waagerechte und eine senkrechte Aufgabenbearbeitung und finden Sie »Ihren« persönlichen Weg, der Ihnen am besten liegt.

Die Schwierigkeit dieses Tests besteht darin, dass die gesuchten Zahlen in größeren Zahlenkolonnen versteckt sind. Konzentrieren Sie sich

3. Aufgabe Viermal 676

4. Aufgabe Keinmal 100
Zweimal 414

8856765	7864763	7655643	6577687	4353454
7755344	1121112	4431143	8908876	9896187
5576127	2344235	2551544	1127933	3540933
6561264	8976896	4663654	2387442	9098965
6571289	9248676	5446545	6126466	3113467
5136565	9846546	6756414	3133554	2300432
9667108	8788888	6645234	1167111	9970986
6676175	8788508	7890287	3489366	8780976
1291298	8432466	5711776	4350832	6436414
2456236	4425732	1125232	6736766	7708556

immer zunächst auf die Zahl, mit der die gesuchte Zahl beginnt. Ein Beispiel: In unserer dritten Aufgabe ist bei der 676 die erste Zahl eine 6, d. h. diejenige, auf die das Augenmerk gerichtet sein muss. Beginnen Sie mit der Aufgabenbearbeitung und »überfliegen« Sie die Zahlenblöcke. »Lesen« Sie die Zahlenkolonne dann erst bewusst, wenn Sie auf eine 6 gestoßen sind, und überprüfen Sie auf die folgende 7 und abschließende 6. Dies spart Ihnen Zeit.

Sind, wie bei der zweiten und vierten Aufgabe, mehrere (mehrstellige) Zahlen gesucht, so sollten Sie ausprobieren, ob Sie zunächst nur eine gesuchte Zahl (hier die 100) bearbeiten wollen oder gleich mehrere, also die 100 und die 414 parallel. Für den Trainingsbeginn empfehlen wir Ihnen, sich erst auf eine Zahl zu konzentrieren und sich dann systematisch auch die anderen einzuprägen und parallel mit zu bearbeiten. Hier hilft Ihnen Übung!

Zahlenmatrizen

Zahlenmatrizen sind ähnlich wie Zahlenreihen aufgebaut und zu bearbeiten. Erkennen Sie das Aufbauprinzip und ersetzen Sie die Fragezeichen durch die richtige Zahl. Für die folgenden 5 Aufgaben haben Sie 7 Minuten Zeit.

1. Aufgabe

2	4	6	8
3	5	7	9
1	3	**?**	7
?	6	8	**?**

2. Aufgabe

48	51	17	20
51	54	18	21
54	57	**?**	22
?	60	20	23

3. Aufgabe

3	11	7	9
9	11	7	15
15	**?**	19	21
27	29	25	**?**

4. Aufgabe

156	148	37	39
64	56	14	16
24	16	**?**	6
12	4	1	**?**

5. Aufgabe

12	34	56
23	**?**	67
34	56	78

Bearbeitungstipps

Versuchen Sie zunächst die Systematik der Zahlenreihen in der Waagerechten zu ermitteln. Meist ist dies die einfachste Variante, schnell zu einem Ergebnis zu kommen. Beginnen Sie dabei von oben nach unten und – logisch – von links nach rechts. Wenden Sie die dann

Lösungen

1. Aufgabe		+2+2+2
		+2+2+2
	Lösung: 5	+2+2+2
	Lösung: 4, 10	+2+2+2
2. Aufgabe		+3:3+3
		+3:3+3
	Lösung: 19	+3:3+3
	Lösung: 57	+3:3+3
3. Aufgabe		+8−4+2
		+2−4+8
	Lösung: 23	+8−4+2
	Lösung: 33	+2−4+8
4. Aufgabe		−8:4+2
		−8:4+2
	Lösung: 4	−8:4+2
	Lösung: 3	−8:4+2
5. Aufgabe		System 1 2 3 4 …
	Lösung: 45	oder +22 waagerecht, +11 senkrecht

herausgefundene Systematik auch auf die Zahlenreihen mit den Lücken an. Bleibt Ihnen am Testende genügend Zeit, so überprüfen Sie Ihre Ergebnisse.

Zahlenmatrizen sind vom Testtyp und Aufbau her nahezu dem Test »Zahlenreihen fortsetzen« identisch. Während Sie bei den Zahlenreihen jedoch (meist) nur eine Zahl ermitteln müssen, sind es hier regelmäßig mehrere, die es zu ergänzen gilt. Aufgrund der Ähnlichkeit der beiden Tests beachten Sie bitte auch die Bearbeitungstipps ab Seite 137.

Zahlenräder

Gelegentlich werden in Tests sogenannte »Zahlenräder« verwendet, die einer bestimmten Systematik folgen. Anhand dieser Systematik soll die Zahl ermittelt werden, die anstelle des Fragezeichens stehen muss. Bitte ergänzen Sie die fehlenden Zahlen in den nachfolgenden Aufgaben:

1. Aufgabe

2. Aufgabe

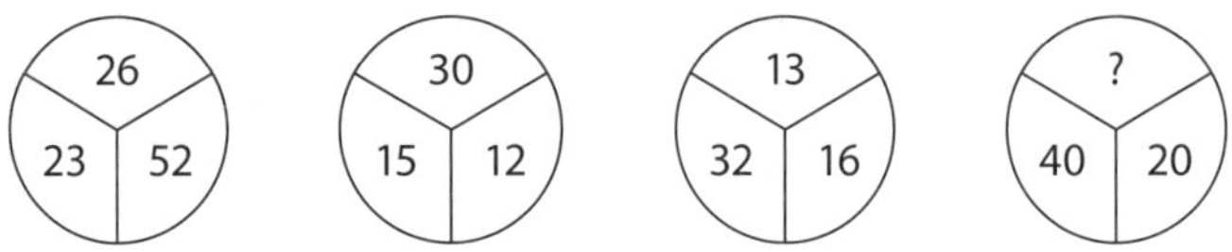

3. Aufgabe

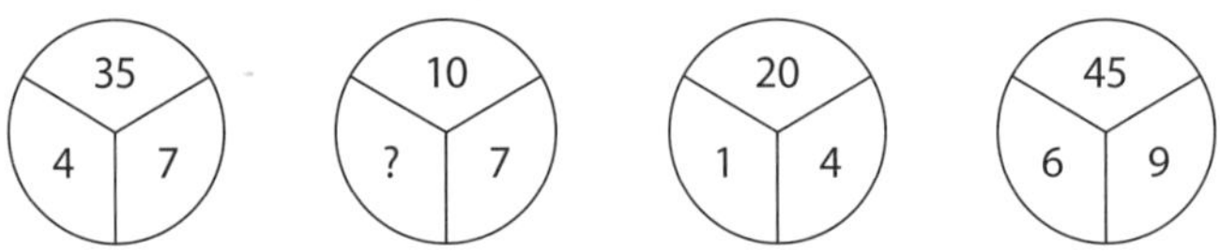

Lösungen

1. Aufgabe 27

Die Zahl in dem linken Feld mal 4 genommen ergibt die Zahl in dem oberen Feld. Diese wird mit 3 addiert und ergibt die Zahl im rechten Feld.

2. Aufgabe 17

Eine Zahl wird mit 3 addiert und mal 2 genommen. Im letzten Feld ist die Ausgangszahl also 17, die mit 3 addiert 20 ergibt, mal 2 kommt man dann auf die 40. Bei diesen Zahlenrädern wechselt die Ausgangsposition.

3. Aufgabe 50

Zu einer Zahl wird 3 addiert. Die Summe wird mit 5 multipliziert.

Bearbeitungstipps

- Lösen Sie sich von der Vorstellung, dass die Aufgaben immer nur an einer Stelle beginnen. Fangen Sie die Lösung bewusst auch mal »von hinten« an.
- Setzen Sie auch mal die Zahlen »verdreht« zueinander in Beziehung. Irgendwo muss es zwischen den Zahlenfolgen eine Gemeinsamkeit geben, wenngleich die Räder sich auch mal gedreht haben können.
- Lösen Sie die Aufgaben in der angebotenen Reihenfolge. Die schwierigen Aufgaben befinden sich meist am Ende der Übung.
- Können Sie eine Aufgabe nicht lösen, so überspringen Sie diese. Es ist besser, Sie nutzen die Zeit für Aufgaben, die Ihnen leichterfallen.

Zahlenreihen fortsetzen

Ein Klassiker unter den Einstellungstests sind Zahlenreihen, die nach einer bestimmten Regel aufgebaut sind und die Sie ergänzen sollen. Gegen Ende des Tests werden hier die Reihen deutlich schwieriger und es sind auch andere (mathematische) Regeln außer der Addition, Subtraktion, Division und Multiplikation erlaubt (z. B. Quersummen etc.).

1. Aufgabe 2 4 8 16 32 _

2. Aufgabe 22 22 8 33 6 12 12 3 _

3. Aufgabe 2 4 60 4 9 130 8 4 _

Lösungen

1. Aufgabe 64

Die Vorzahl wird immer mal 2 genommen.

2. Aufgabe 6

Die Regel gilt jeweils für einen Dreierblock. Die Quersumme der ersten und zweiten Zahl addiert ergeben die dritte Zahl.

3. Aufgabe 120

Das Zehnfache der ersten und der zweiten Zahl addiert ergibt die dritte Zahl. Die Regel gilt jeweils für einen Dreierblock, also hier 20+40=60 und 40+90=130, nicht aber für Zweierblöcke wie 40+600=640.

Bearbeitungstipps

Mit diesem Aufgabentyp werden sowohl Ihr logisches Denken als auch gewisse Rechenfertigkeiten überprüft. Er kommt häufig in Tests vor. Mit folgenden Regeln wird es Ihnen in Zukunft leichterfallen, Zahlenreihen zu lösen:

1. Lässt sich das Aufbauprinzip/-system der Zahlenreihe »auf einen Blick« erkennen?
2. Werden die Zahlen größer oder kleiner, abwechselnd größer und kleiner oder kleiner und größer?
3. Bei einer Zahlenreihe, die nach einem kontinuierlich anwachsenden oder abnehmenden Prinzip aufgebaut ist, berechnet man die Differenzen zwischen den benachbarten Zahlen und versucht dadurch, eine Regelmäßigkeit dieser Differenzen herauszufinden.

1. Beispiel:
50 46 42 38 34 30 ?
Die Differenz beträgt regelmäßig 4; *Lösung:* 26

2. Beispiel:
10 11 13 16 20 25 ?
Die Zahlenreihe steigt unregelmäßig an, aus den Differenzen erkennen wir das System +1+2+3+4+5 usw.; *Lösung:* 31 (+6)

Sind die Differenzen zwischen den einzelnen Zahlen unregelmäßig und durch Addition oder Subtraktion nicht zu erklären, wachsen oder mindern sie sich sehr schnell, hat man es mit einer Multiplikation bzw. Division zu tun.

1. Beispiel:
100 50 25 12,5 6,25 ?
(System: geteilt durch 2;
Lösung: 3,125)

2. Beispiel: 1 4 16 64 ? Die Differenzen (3, 12, 48) ermöglichen kein klares Bild über das System der Zahlenreihe. Hier wird jede vorangegangene Zahl mit 4 multipliziert (1·4=4; 4·4=16; 16·4=64; 64·4=256).

4. Folgen die Zahlenwerte einer Reihe keinem konstant zunehmenden oder abnehmenden Prinzip, sollte man versuchen, erstens die Zahlenreihe in zwei oder mehr getrennte Reihen zu teilen, die einem konstanten Aufbauprinzip folgen, und dann zweitens die Regeln 1 bis 3 bei jeder dieser Reihen gesondert anwenden.

Die am häufigsten eingesetzten Systeme für Zahlenreihen in den gängigen Testverfahren sind:

1. Einfache Systeme:
+1+2/+1+2/...
+1+1/+2+2/+3+3/...
+5+5/+6+6/+7+7/...
+3+5+7+9+11 ...
(immer+2)

Ganz einfache Systeme, in der Regel Addition kleinerer Zahlen, stehen meistens am Anfang eines Aufgabenblocks mit Zahlenreihen.

2. Mittelschwere Systeme:
−2:2/−2:2/...
+2·2/+2·2/...
·2+2/·2+2/...
:2+2/:2+2/...
−5+3/−5+3/...
−2+3−4+5−6+7...
(das System wächst jeweils um 1, abwechselnd+/−)

−2·2/−3·3/−4·4/...
−1+3/−1+4/−1+5/−1+6/...
(die erste Zahl bleibt gleich, die zweite vergrößert sich um+1)

−9·3/−8·3/−7·3/−6·3/...
−9·4/−8·4/−7·4/−6·4/...
:2+5/:3+5/:4+5/:5+5/...

3. Schwierigere Systeme:
+1+2−3/+4+5−6/+7+8−9/...
(das System ++−)
+2−3·4/+5−6·7/+8−9·10/...
·3:4−5/·6:7−8/·9:10−11/...
+4+3:2/+4+3:2/+4+3:2/...
·3·3−10/·3·3−10/...
−3:2·3/−3:2·3/...
:3−7·5/:3−7·5/...
·3+1:2/·3+1:2/...
+1:2−4/+1:2−4/...
+7−2·1/+6−3·1/+5−4·1/...
(hier verändern sich immer die ersten beiden Zahlen)

+2·2−1/−2·2+1/+2·2−1/...
(hier verändern sich das erste und das letzte Vorzeichen)

−2·2+2:2/−2·2+2:2/...
:4+4·4+4/:4+4·4+4/...
·5−5:5+5/·5−5:5+5/...
·7−7:7+7/·7−7:7+7/...

Die hier präsentierten Systeme sind Hintergrund vieler Zahlenreihenaufgaben, die Ihnen in der realen Testsituation präsentiert werden. Buchstabengruppen und Buchstabenreihen funktionieren übrigens ähnlich wie Zahlenreihen bzw. einfache Figurenreihen.

Zahlensymbole

Bei dieser Aufgabe wurden Ziffern durch bestimmte Symbole ersetzt. Einzelne Symbole entsprechen dabei einer einstelligen Zahl (0 – 9), zwei nebeneinander stehende Symbole einer zweistelligen Zahl (10 – 99). Die Aufgabe besteht darin, herauszufinden, welche Ziffer für ein bestimmtes Symbol eingesetzt werden muss, damit die Aufgabe richtig gelöst werden kann.

1. Aufgabe □ + □ = ○△

□ = 1 3 4 0 7 2

2. Aufgabe

  △□
  △□
  △□
+ △□
―――
  ○□

□ = 6 2 5 3 0 4

3. Aufgabe ○□ – △○ = △○

○ = 1 0 3 6 7 8

Lösungen

1. Aufgabe 7

Nur wenn diese Zahl für das Quadrat eingesetzt wird, kann das Ergebnis zweistellig werden.

2. Aufgabe 0

Gesucht wird hier das Quadrat, wobei eine Zahl viermal mit sich selbst addiert die gleiche Endziffer der Ausgangszahl ergeben muss. Damit bleibt nur die 0 für das Quadrat übrig, denn die einzige Zahl, die mit 4 multipliziert wieder die gleiche Zahl ergibt, ist die 0.

3. Aufgabe 7

Bei dieser Aufgabe wird primär der Kreis gesucht, es muss jedoch auch das Dreieck mit beachtet werden. Versuchen Sie systematisch an diese – etwas schwierigere – Aufgabe heranzugehen und schauen Sie sich die Rechenoperation genau an. Von rechts nach links gelesen werden das Dreieck und der Kreis zu sich selbst addiert und ergeben dann den Kreis und das Quadrat. Wäre der Kreis = 1, so müsste das Dreieck mindestens 2 sein (die aber nicht als Lösung angeboten wird) und die Differenz negativ.

Für die 3 gilt: $3\square - \triangle 3 = \triangle 3$. Von rechts nach links gelesen wäre $3+3=6$, wobei aber $36:2$ nicht $\triangle 3$ ergibt, sondern 18. Diese Lösung ist also auch falsch. Die 0 muss gar nicht geprüft werden, da sonst die erste Zahl links einstellig sein müsste.

Für die 6 gilt: $6\square - \triangle 6 = \triangle 6$. Es gilt $6+6=12$. Da die 6 aber gerade ist und nun die erste Ziffer ungerade sein müsste, kann die 6 auch nicht die gesuchte Lösung sein. Mit demselben Argument kann die 8 ausgeschlossen werden. Bleibt die 7 zu prüfen: $7\square - \triangle 7 = \triangle 7$. Es gilt $7+7=14$, sodass $37+37=74$. Das Quadrat muss folglich durch die 4, das Dreieck durch die 3 und der Kreis durch die 7 ersetzt werden.

4. Aufgabe ▽⊘ : ⊘ = ⊘ ⊘ = 1 3 0 4 2 5

5. Aufgabe △+△+△+△ = ○ △ = 3 7 0 4 2 5

Bearbeitungstipps

Dieser Aufgabentypus löst bei vielen schnell Panikattacken aus. Aber auch hier geht es nicht um höhere Mathematik oder gar abnormes Abstraktionsvermögen. Mit ein bisschen Mut und dem richtigen Training wird es Ihnen in Zukunft leichterfallen, diese relativ simplen Aufgaben zu entschlüsseln.

Natürlich ist während eines Tests die Zeit für die Aufgabenbearbeitung so knapp bemessen, dass Sie nicht jeden einzelnen Lösungsvorschlag überprüfen können. Grundsätzlich sollten Sie sich Folgendes merken, um die Lösungsfindung zu erleichtern: Es gibt Zahlen, die mit sich selbst multipliziert eine Zahl ergeben, bei der die

4. Aufgabe 5

Welche Zahl durch die eigene Endziffer geteilt ergibt die eigene Endziffer? Als Endziffer kommt nur die 5 infrage, da 25:5=5. Beachten Sie bei dieser Aufgabe unbedingt unsere Bearbeitungstipps, da Sie hier viel Zeit sparen, wenn Sie gewisse Regeln auswendig gelernt haben.

5. Aufgabe 2

Gesucht wird eine Zahl, die viermal mit sich selbst addiert ein einstelliges Ergebnis ergibt. Das Ergebnis darf nicht die Zahl selbst sein, da ein Kreis und kein Dreieck entsteht. Somit scheidet die 0 als Lösung aus. Es bleibt nur die 2 als Lösung übrig, da bereits die 3 viermal addiert zweistellig (12) wird.

Grundzahl wieder auftritt. Diese sind:

5 → 5·5=25
6 → 6·6=36

Auch folgende Zahlen sollten Sie nicht vergessen:

11 → 11·11=121
22 → 22·22=484

Außerdem ist es, auch für andere mathematische Tests, in jedem Fall empfehlenswert, alle Quadratzahlen bis 25·25 auswendig zu lernen, um wertvolle Zeit zu sparen.

Zur Ergänzung empfehlen wir Ihnen Folgendes:

Gehen Sie nach der Ausschlussmethode vor: Welche Lösung kann es auf keinen Fall sein? So bleiben meist nur wenige Zahlen übrig, die Sie überprüfen müssen.

Setzen Sie für die Symbole auf einem Schmierzettel Zahlen ein. Oft hilft es schon, wenn Sie ein paar Symbole durch Zahlen ersetzt haben und nun etwas klarer die Aufgabe vor Augen haben.

Mit genügend Ruhe und Zeit wird es Ihnen gelingen, kompetenter in der Lösung solcher Aufgaben zu werden, sodass diese ihren Schrecken verlieren.

Zugehörigkeiten identifizieren

Bei diesem Test bekommen Sie zwei Gruppen A und B sowie vier Auswahlbilder vorgestellt. Sie sollen nun die jeweilige Gemeinsamkeit der Gruppe A und der Gruppe B herausfinden und dann die Auswahlbilder den jeweiligen Gruppen zuordnen.

1. Aufgabe

Gruppe A Gruppe B

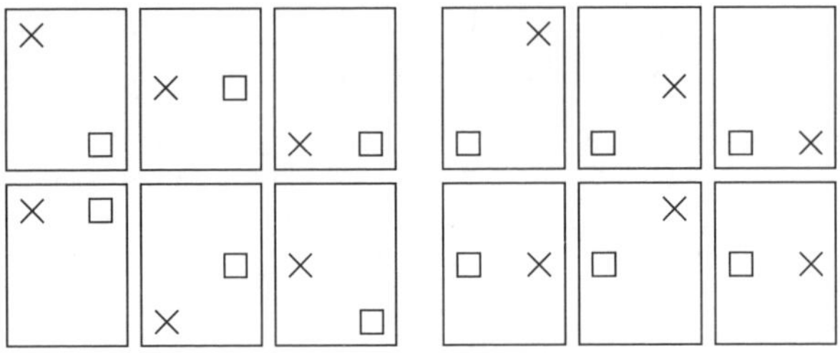

Auswahlbilder:

Welches der Auswahlbilder gehört nun zu welcher Gruppe?

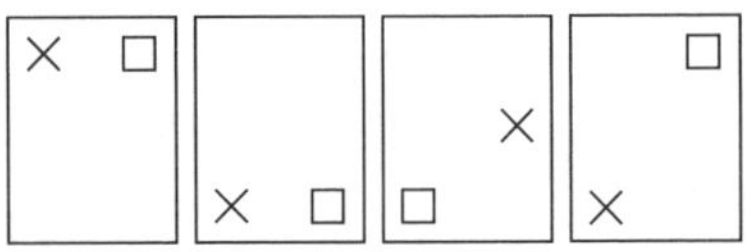

1 2 3 4

2. Aufgabe

Gruppe A Gruppe B

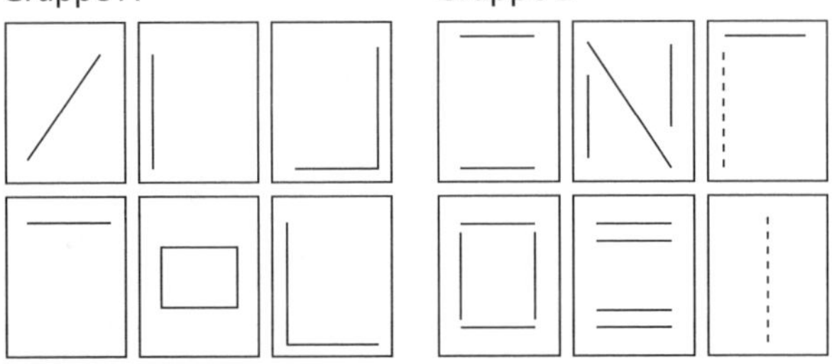

Auswahlbilder:

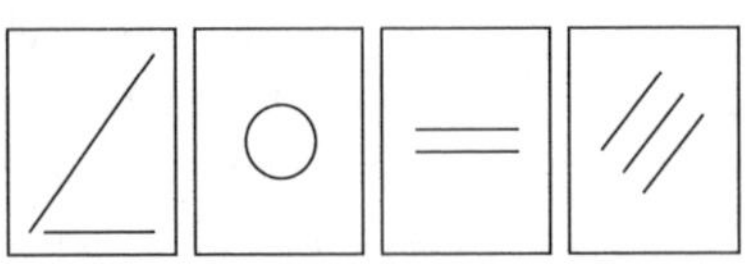

1 2 3 4

Lösungen

1. Aufgabe 1 A, 2 A, 3 B, 4 A
In Gruppe A steht das X immer links vom Quadrat, in Gruppe B immer rechts.

2. Aufgabe 1 B, 2 A, 3 B, 4 B
In Gruppe A gibt es immer nur eine durchgezogene Linie, in Gruppe B zwei oder mehr.

3. Aufgabe

Gruppe A

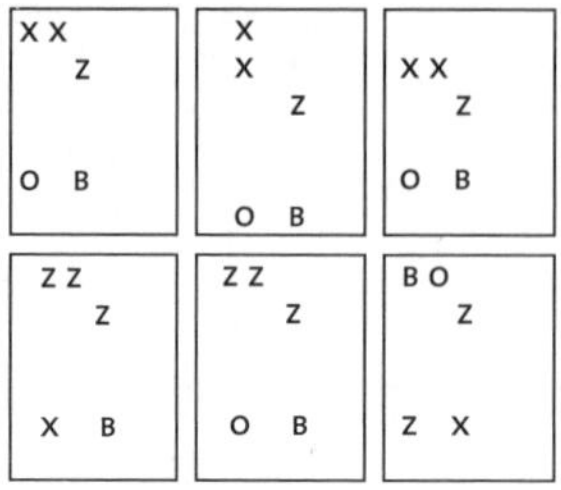

Gruppe B

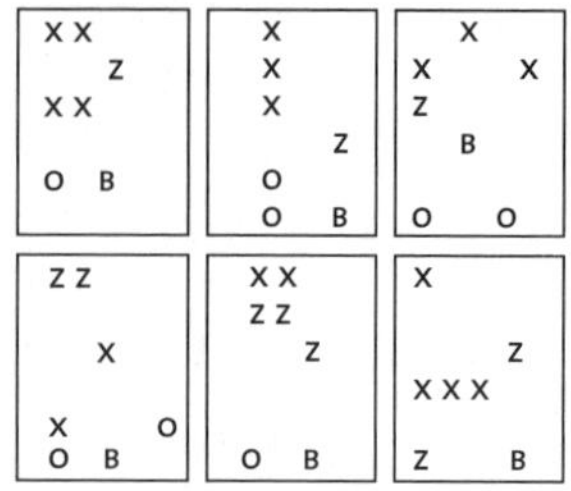

Auswahlbilder:

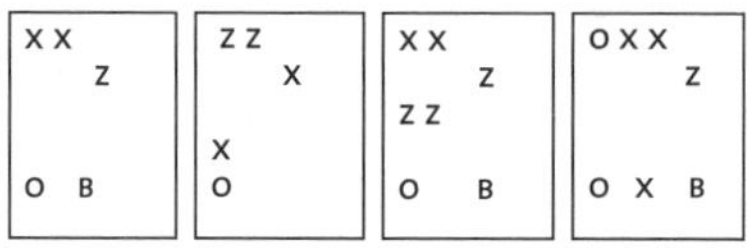

1 2 3 4

4. Aufgabe

Gruppe A

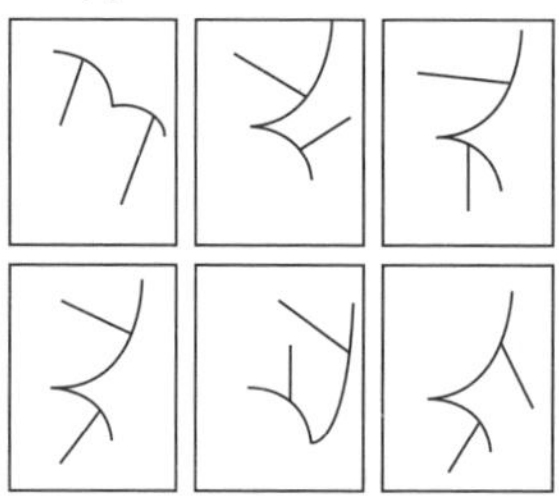

Gruppe B

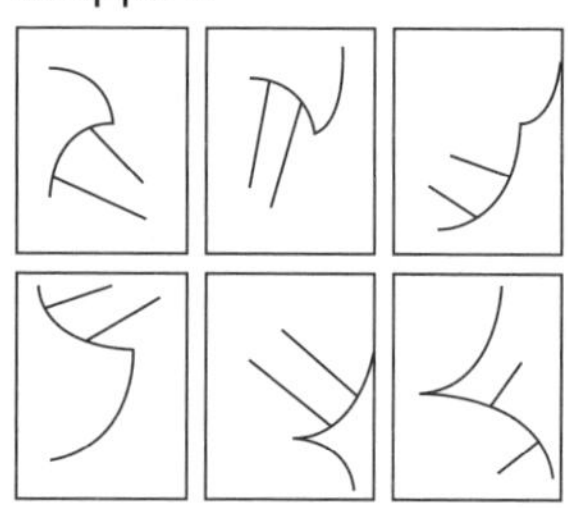

Auswahlbilder:

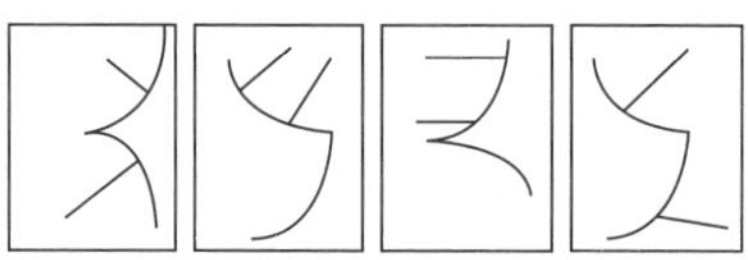

1 2 3 4

3. Aufgabe 1 A, 2 A, 3 B, 4 B

In Gruppe A kommen immer fünf Buchstaben vor, während es in Gruppe B immer sieben sind.

4. Aufgabe 1 A, 2 B, 3 B, 4 A

Beide geraden Striche sind in Gruppe B immer gemeinsam an einem Bogen platziert, während bei Gruppe A jeweils nur ein Strich an einem Bogen ist.

Bearbeitungstipps

Diese Aufgaben sehen deutlich komplizierter aus, als sie sind. Beginnen Sie immer mit einfachen Gemeinsamkeiten:

- Wie viele Buchstaben sind insgesamt im Aufgabenfeld? Wie viele sind immer gleich? Ist die Raumaufteilung immer identisch? Gibt es Buchstabengruppen?
- Wie viele Striche sind enthalten? Sind diese immer speziell angeordnet? Wie ist die Raumaufteilung?
- Gibt es andere Informationen wie Kästchen o. Ä., die es zu beachten gilt? Wie sieht es dort mit den Gemeinsamkeiten aus?
- Fügen Sie nun alle vorhandenen Informationen zusammen und ziehen Sie dann den Rückschluss, welches Bild zu welcher Gruppe gehört.

Sie werden sehen, die Schwierigkeit dieser Aufgaben liegt darin, dass man auch bei anscheinend komplizierten Aufgaben lernen muss, »einfach zu denken« – denn oft sieht man den Wald vor lauter Bäumen nicht …

Mathematik

Ein mathematischer Testteil wird Ihnen in fast jedem Einstellungstest begegnen. Oftmals ist es aber so, dass ausgerechnet dann die Lösungswege, Formeln und Gesetze, die man gerade für die Bearbeitung solcher Aufgaben benötigt, einem nicht spontan einfallen wollen. Schauen Sie unbedingt in das Kapitel »Mathematische Grundlagen und Gesetze« ab Seite 150, um sich für diese Herausforderung so richtig fit zu machen.

Mathematische Grundlagen und Gesetze

Im Folgenden finden Sie die gängigsten mathematischen Grundlagen und Gesetze.

Werte verschiedener Konstanten

$\pi \approx 3,14$

$c \approx 3 \cdot 10^8 \frac{m}{s} = 300\,000 \frac{km}{s}$ (Lichtgeschwindigkeit im Vakuum)

$v_s \approx 330 \frac{m}{s}$ (Schallgeschwindigkeit bei 0 °C und Normaldruck)

$g = 9,81 \frac{m}{s^2}$ (mittlere Erdbeschleunigung)

Potenzgesetze

$a^x \cdot a^y = a^{x+y}$

$\frac{1}{a} = a^{-1}$

$(a^x)^y = a^{xy}$

$\sqrt[n]{a} = a^{\frac{1}{n}}$

$a^x \cdot b^x = (ab)^x$

Irgendeine Zahl hoch 0 ist immer 1. Ausnahme: 0^0 ist nicht definiert.

Wurzeln

$\sqrt{2} \approx 1,414$ $\sqrt{3} \approx 1,732$ $\sqrt{5} \approx 2,236$

Zweierpotenzen

n	0	1	2	3	4	5	6	7	8	9	10
2^n	1	2	4	8	16	32	64	128	256	512	1 024

Zehnerpotenzen

10^n: Zahl mit n Nullen; z.B. $10^3 = 1\,000$

10^{-n}: Kommazahl mit n Nullen (inkl. Null vor dem Komma), z.B. $10^{-3} = 0{,}001$

Beispiele

$4\,400\,000 = 4{,}4 \cdot 10^6$

$0{,}05 = 5 \cdot 10^{-2}$

Logarithmus (Zehnerlogarithmus)

$\lg(a) = x$	$\Leftrightarrow 10^x = a$
$\lg(100) = 2$	da $10^2 = 100$
$\lg(42) \approx 1{,}62$	da $10^{1{,}62} \approx 42$

Trigonometrie

$$\sin\alpha = \frac{\text{Gegenkathete}}{\text{Hypotenuse}}$$

$$\cos\alpha = \frac{\text{Ankathete}}{\text{Hypotenuse}}$$

$$\tan\alpha = \frac{\text{Gegenkathete}}{\text{Ankathete}}$$

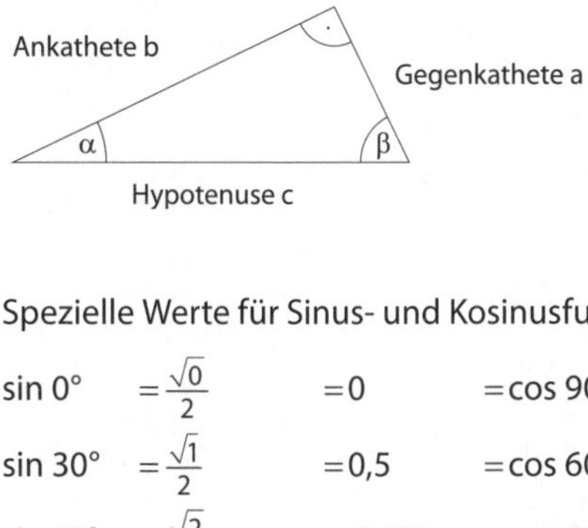

Spezielle Werte für Sinus- und Kosinusfunktionen sind:

$\sin 0°$	$= \frac{\sqrt{0}}{2}$	$= 0$	$= \cos 90°$
$\sin 30°$	$= \frac{\sqrt{1}}{2}$	$= 0{,}5$	$= \cos 60°$
$\sin 45°$	$= \frac{\sqrt{2}}{2}$	$\approx 0{,}71$	$= \cos 45°$
$\sin 60°$	$= \frac{\sqrt{3}}{2}$	$\approx 0{,}87$	$= \cos 30°$
$\sin 90°$	$= \frac{\sqrt{4}}{2}$	$= 1{,}0$	$= \cos 0°$

Weitere mathematische Hilfen

·	**11**	**12**	**13**	**14**	**15**	**16**	**17**	**18**	**19**	**20**	**21**	**22**	**23**	**24**	**25**
11	**121**	132	143	154	165	176	187	198	209	220	231	242	253	264	275
12	132	**144**	156	168	180	192	204	216	228	240	252	264	276	288	300
13	143	156	**169**	182	195	208	221	234	247	260	273	286	299	312	325
14	154	168	182	**196**	210	224	238	252	266	280	294	308	322	336	350
15	165	180	195	210	**225**	240	255	270	285	300	315	330	345	360	375
16	176	192	208	224	240	**256**	272	288	304	320	336	352	368	384	400
17	187	204	221	238	255	272	**289**	306	323	340	357	374	391	408	425
18	198	216	234	252	270	288	306	**324**	342	360	378	396	414	432	450
19	209	228	247	266	285	304	323	342	**361**	380	399	418	437	456	475
20	220	240	260	280	300	320	340	360	380	**400**	420	440	460	480	500
21	231	252	273	294	315	336	357	378	399	420	**441**	462	483	504	525
22	242	264	286	308	330	352	374	396	418	440	462	**484**	506	528	550
23	253	276	299	322	345	368	391	414	437	460	483	506	**529**	552	575
24	264	288	312	336	360	384	408	432	456	480	504	528	552	**576**	600
25	275	300	325	350	375	400	425	450	475	500	525	550	575	600	**625**

x	1	2	3	4	5	6	7	8	9
x^3	1	8	27	64	125	216	343	512	729
x^4	1	16	81	256	625	1 296	2 401	4 096	6 561

Einheiten und Maße

Längenmaße

1 mm	= 1 Millimeter	= 0,001 m
1 cm	= 1 Zentimeter	= 0,01 m
1 dm	= 1 Dezimeter	= 0,1 m
1 m	= 1 Meter	= 1 m
1 km	= 1 Kilometer	= 1 000 m
1 NM	= 1 Nautische Meile	= 1 852 m
1 ft	= 1 Fuß	= 0,3048 m

Flächenmaße

1 mm^2	= 1 Quadratmillimeter	= 0,000001 m^2
1 cm^2	= 1 Quadratzentimeter	= 0,0001 m^2
1 dm^2	= 1 Quadratdezimeter	= 0,01 m^2
1 m^2	= 1 Quadratmeter	= 1 m^2
1 a	= 1 Ar	= 100 m^2
1 ha	= 1 Hektar	= 10 000 m^2
1 km^2	= 1 Quadratkilometer	= 1 000 000 m^2

Raummaße

1 mm^3	= 1 Kubikmillimeter	= 0,000000001 m^3	= 1 $\mu\ell$
1 cm^3	= 1 Kubikzentimeter	= 0,000001 m^3	= 1 $m\ell$
1 dm^3	= 1 Kubikdezimeter	= 0,001 m^3	= 1 ℓ
1 m^3	= 1 Kubikmeter	= 1 m^3	= 1 000 ℓ
1 $h\ell$	= 1 Hektoliter	= 100 ℓ	

Gewichte

1 mg	= 1 Milligramm	= 0,000001 kg
1 g	= 1 Gramm	= 0,001 kg
1 kg	= 1 Kilogramm	= 1 kg
1 t	= 1 Tonne	= 1 000 kg
1 Pfund		= 0,5 kg
1 Zentner		= 50 kg

kgV und ggT

Aus der Schulzeit sind diese beiden Abkürzungen sicherlich noch ein Begriff. Gemeint sind hier das kleinste gemeinsame Vielfache (kgV) und der größte gemeinsame Teiler (ggT).

Das kleinste gemeinsame Vielfache gegebener Zahlen ist die kleinste von Null verschiedene Zahl, die durch alle gegebenen Zahlen teilbar ist. Das kgV ermittelt man mithilfe einer Primfaktorzerlegung: Es ist das Produkt aller auftretenden Primfaktoren in ihrer höchsten Potenz.

Beispiel

Gesucht ist das kgV der Zahlen 12, 16 und 24.

12:	$2 \cdot 2$	$\cdot 3$	
16:	$2 \cdot 2 \cdot 2 \cdot 2$		
24:	$2 \cdot 2 \cdot 2$	$\cdot 3$	
kgV	$2 \cdot 2 \cdot 2 \cdot 2$	$\cdot 3$	$= 48$

Der größte gemeinsame Teiler gegebener Zahlen ist die größte Zahl, die alle gegebenen Zahlen teilt. Auch den ggT ermittelt man mithilfe der Primfaktorzerlegung: Der ggT ist das Produkt der Primfaktoren, die alle Zahlen gemeinsam haben, in ihrer niedrigsten Potenz.

Beispiel

Gesucht ist der ggT der Zahlen 12, 16 und 24.

12:	$2 \cdot 2$	$\cdot 3$	
16:	$2 \cdot 2 \cdot 2 \cdot 2$		
24:	$2 \cdot 2 \cdot 2$	$\cdot 3$	
ggT	$2 \cdot 2$		$= 4$

Multiplikation und Division von Brüchen

Bruchzahlen werden multipliziert, indem man die Zähler und Nenner je miteinander multipliziert. Anschließend muss der Bruch gekürzt werden.

Beispiel
$\frac{4}{3} \cdot \frac{1}{4} = \frac{4 \cdot 1}{3 \cdot 4} = \frac{4}{12} = \frac{1}{3}$

Zwei Brüche werden dividiert, indem man die erste Bruchzahl mit dem Kehrwert der zweiten Bruchzahl multipliziert. Auch hier wird der Bruch anschließend wieder gekürzt.

Beispiel
$\frac{1}{8} : \frac{3}{4} = \frac{1}{8} \cdot \frac{4}{3} = \frac{1 \cdot 4}{8 \cdot 3} = \frac{4}{24} = \frac{1}{6}$

Gleichungen

Viele komplexe Textaufgaben erfordern das Aufstellen von Gleichungen. Dazu muss man den Text in seine Einzelteile zerlegen und jeden Term genau bestimmen. Wenn z. B. von »… der Hälfte …« eines bestimmten Betrages x die Rede ist, muss als Term »$\frac{x}{2}$« geschrieben werden. Bei einem Drittel heißt es dann »$\frac{x}{3}$« usw.

Bei der Lösung von Gleichungen ist immer zu beachten, dass die Termumformungen auf beiden Seiten stattfinden müssen. Oft stoßen Sie auch auf Aufgaben, die das Aufstellen von 2 oder mehr Unbekannten in Gleichungen erfordern.

Auch gilt es in einigen Fällen, eine quadratische Gleichung zu lösen. Wie Sie solche Gleichungen bzw. Gleichungssysteme lösen, zeigen wir Ihnen exemplarisch im Folgenden.

Gleichungen mit 1 Unbekannten

Hier gilt es, durch Termumformungen x zu isolieren, sodass zum Schluss das x alleine auf einer Seite der Gleichung als Lösung steht.

Beispiel

$$2x-4=14$$

Lösung

$$2x-4=14 \quad |+4$$

$$2x-4+4=14+4$$

$$2x=18 \quad |:2$$

$$\frac{2x}{2}=\frac{18}{2} \rightarrow x=9$$

Gleichungen mit 2 Unbekannten

Wenn Sie in einer Aufgabe auf 2 unbekannte Größen stoßen, müssen Sie auch 2 Gleichungen zu dieser Aufgabe aufstellen. Merke: Die Zahl der Unbekannten muss immer der Anzahl der aufgestellten Gleichungen entsprechen.

Beispiel

Sie erhalten ein Gleichungssystem mit 2 Gleichungen.
Gehen Sie zum Lösen nun wie folgt vor:

$$5x+10y=120 \quad \text{(I)}$$

$$x+y=17 \quad \text{(II)}$$

Nehmen Sie nun eine der beiden Gleichungen und isolieren Sie eine Unbekannte. In unserem Beispiel wählen wir die Gleichung (II) und isolieren das x.

$$x=17-y \quad \text{(III)}$$

Nun setzen wir den erhaltenen Ausdruck für x, Gleichung (III), in die noch nicht bearbeitete Ausgangsgleichung (I) ein.

$$5(17-y)+10y=120$$

Diese Formel wird nun nach den üblichen mathematischen Regeln aufgelöst:

$$5 \cdot 17-5y+10y=120$$

$$85-5y+10y=120$$

$$85+5y=120 \quad |-85$$

$$5y=35 \quad |:5$$

$$y=7$$

Das Ergebnis für y wird nun in die Gleichung (III) eingesetzt und wir erhalten somit das Ergebnis für x:

$$x = 17 - 7 = 10$$

Die Lösungen des Gleichungssystems sind nun also die 7 für das y und die 10 für das x.

Gleichungen mit 3 Unbekannten

Die Vorgehensweise beim Lösen dieser Gleichungssysteme ist dieselbe wie beim Lösen von Gleichungssystemen mit 2 Unbekannten. Durch Termumformungen und geschicktes Ersetzen von unbekannten Größen durch Formelausdrücke gilt es, 2 der 3 Unbekannten zu eliminieren, um zu einer Gleichung zu gelangen, die nur noch eine Unbekannte enthält und gelöst werden kann.

Beispiel

$$5a + 10b + 50c = 155 \quad \text{(I)}$$
$$a + b + c = 9 \quad \text{(II)}$$
$$b - 2c = 0 \quad \text{(III)}$$
$$\text{Aus (III) folgt}: b = 2c \quad \text{(IV)}$$

Einsetzen von (IV) in (I) bzw. (II) liefert:

$$5a + 10 \cdot 2c + 50c = 155 \quad \rightarrow 5a + 20c + 50c = 155 \quad \rightarrow 5a + 70c = 155 \quad \text{(V)}$$
$$a + 2c + c = 9 \quad \rightarrow a + 3c = 9 \quad \text{(VI)}$$
$$\text{Aus (VI) folgt}: a = 9 - 3c \quad \text{(VII)}$$

Das Einsetzen von (VII) in (V) liefert dann:

$$5(9 - 3c) + 70c = 155 \quad \rightarrow 45 - 15c + 70c = 155 \quad \rightarrow 55c = 110 \quad \rightarrow c = 2$$

Einsetzen des Ergebnisses c in (IV) bzw. (VII):

$b = 2 \cdot 2 = 4$ und $a = 9 - 3 \cdot 2 = 3$

Die Lösungen des Gleichungssystems sind damit:

$a = 3, b = 4$ und $c = 2$

Quadratische Gleichungen

Bevor man eine quadratische Gleichung lösen kann, muss sie durch Termumformungen in die Normalform gebracht werden.

Beispiel

$$2x^2+16x=-14 \quad |+14$$
$$2x^2+16x+14=0 \quad |:2$$
$$x^2+8x+7=0$$

An der Normalform kann nun die Lösungsformel für quadratische Gleichungen ansetzen. Wenn $x^2+px+q=0$, dann ist die Lösung der Gleichung:

$$x_{1/2}=-\frac{p}{2}\pm\sqrt{\left(\frac{p}{2}\right)^2-q}$$

Im Beispiel bedeutet dies:

$$x^2+8x+7=0$$
$$x_{1/2}=-\frac{8}{2}\pm\sqrt{\left(\frac{8}{2}\right)^2-7}$$
$$x_{1/2}=-4\pm\sqrt{9}=-4\pm 3 \qquad \rightarrow x_1=-1 \qquad \rightarrow x_2=-7$$

Die Lösungen der quadratischen Gleichung sind somit – 1 und – 7.

Dreisatz

Es gibt Dreisatzaufgaben mit direkter und indirekter Proportionalität. Beide Aufgabensorten werden unterschiedlich berechnet.

Direkte Proportionalität

Hier geht es darum, aus dem Text zu erkennen, welche Größen einander entsprechen. Man weiß, dass sich von 3 gegebenen Größen 2 entsprechen müssen und eine noch gefunden werden muss. Hat man also diese Feststellung aus dem Text herausgezogen, muss man nur noch eine Gleichung aufstellen, die man dann nach der gesuchten Größe auflöst.

$$\frac{x_1}{y_1}=\frac{x_2}{y_2}$$

Beispiel

Wie viel bezahlt man für 800 g Kaffee, wenn 300 g 6 € kosten?

$$\frac{6\text{ €}}{300\text{ g}} = \frac{x}{800\text{ g}}$$

$$x = \frac{6\text{ €}}{300\text{ g}} \cdot 800\text{ g} = 16\text{ €}$$

Indirekte Proportionalität

Bei diesem Aufgabentyp verhalten sich die Größen indirekt proportional zueinander.
Das heißt, es gilt nicht mehr $\frac{x_1}{y_1} = \frac{x_2}{y_2}$, sondern: $x_1 \cdot y_1 = x_2 \cdot y_2$

Beispiel

5 Pferde kommen mit einem Wasservorrat 16 Tage aus.

Wie viele Tage reicht das Wasser für 8 Pferde?
5 Pferde · 16 Tage = 8 Pferde · x $\rightarrow x = \frac{5 \cdot 16}{8} = 10$ Tage

Prozentrechnung

Textaufgaben zur Prozentrechnung sind meist so beschrieben, dass man die eigentliche Rechnung sofort erkennt, d.h., die Texte sind relativ einfach zu verstehen.

Es gibt zwei Arten von Textaufgaben zur Prozentrechnung:

1. Berechnen Sie den Grundwert/Prozentwert/Prozentsatz. So lauten die häufigsten Aufgaben in der Prozentrechnung. Diese lassen sich einfach durch die *Grundgleichung der Prozentrechnung* lösen:
   $\frac{W}{P} = \frac{G}{100}$ (W – Prozentwert, G – Grundwert, P – Prozentwert)

   Beispiel 1

   Berechnen Sie 8 % von 20.
   Gegeben: $G = 20, p = 8$
   Gesucht: W
   Lösung: $W = \frac{G}{100} \cdot P$ $\rightarrow W = \frac{20}{100} \cdot 8 = 1{,}6$

Beispiel 2

Wie viel Prozent sind 8 von 20?

Gegeben: $G = 20, W = 8$

Gesucht: P

Lösung: $P = \frac{100}{G} \cdot W \quad \rightarrow P = \frac{100}{20} \cdot 8 = 40$

2. Berechnen Sie den vermehrten/verminderten Grundwert. Bei diesen Aufgaben soll auf den Grundwert ein bestimmter Prozentsatz des Grundwertes aufgeschlagen beziehungsweise davon abgezogen werden. Zur Berechnung dient folgende Gleichung:

$$g = G \cdot \left(\frac{100 \pm p}{100}\right)$$

Beispiel 3

Herrn Meiers Gehalt von 2000 € wird um 5 % erhöht.

Wie viel Geld bekommt er nach der Erhöhung?

$$g = 2\,000\text{ €} \cdot \left(\frac{100+5}{100}\right) = 2000\text{ €} \cdot 1{,}05 = 2\,100\text{ €}$$

Zinsrechnung

Zum Lösen von Textaufgaben zur Zinsrechnung benötigt man einige Formeln, die fest vorgeschrieben sind. Dazu zur »Auffrischung« einige Grundbegriffe:

Z – Zinsen, K – Kapital, p – Zinssatz, t – Zeit in Tagen, m – Zeit in Monaten

Jahreszinsen $Z = \frac{K \cdot p}{100}$

Monatszinsen $Z = \frac{K \cdot p \cdot m}{100 \cdot 12}$

Tageszinsen $Z = \frac{K \cdot p \cdot t}{100 \cdot 360}$

Zu beachten: Im deutschen Bankwesen gilt:

1 Jahr = 360 Tage

1 Monat = 30 Tage

Wenn nicht die Zinsen gesucht sind, sondern beispielsweise das Kapital bzw. der Zinssatz, müssen die Lösungsformeln einfach nach der gesuchten Größe umgestellt werden.

Beispiel

Die Bank XY verzinst 2 000 € mit einem Jahreszinssatz von 5 %.
Welcher Zinsertrag hat sich nach 5 Monaten angehäuft?

$$Z_m = \frac{2000 \text{ €} \cdot 5 \cdot 5}{100 \cdot 12} = 41{,}67 \text{ €}$$

Währungsrechnung

Beim Umrechnen von Währungen ist vorzugehen wie bei Dreisatzaufgaben mit direkter Proportionalität. Es gilt stets:

$$\frac{\text{Zielwährung}}{\text{Ausgangswährung}} = \text{Kursverhältnis}$$

Beispiel

Wie viel Yen erhält man für 100 € (Kurs: 100,88 Yen = 1 €)?

$$\frac{x \text{ Yen}}{100 \text{ €}} = \frac{100{,}88 \text{ Yen}}{1 \text{ €}}$$

$$x \text{ Yen} = \frac{100{,}88 \text{ Yen}}{1 \text{ €}} \cdot 100 \text{ €} = 10088 \text{ Yen}$$

Durchschnittsrechnung

Durchschnitte werden ermittelt, indem man alle gegebenen Werte addiert und anschließend durch die Anzahl der Werte dividiert.

$$\frac{x_1 + x_2 + x_3 + \ldots x_n}{n} = \text{Durchschnitt}$$

Beispiel

Ermitteln Sie den Durchschnitt der Zahlen 8, 16 und 3.

$$\frac{8+16+3}{3} = 9$$

Mischungsrechnung

Beim Mischungsrechnen gibt es zwei grundlegende Aufgabenkategorien. Bei der leichteren werden mehrere Sorten vermischt und der Preis der Mischung soll ermittelt werden. Dieser Aufgabentyp dürfte keine Schwierigkeiten bereiten.

Komplizierter wird es, wenn das Mischungsverhältnis von zwei Sorten bei vorgegebenen Preisen ermittelt werden soll. Dazu verwendet man die Mischungskreuzregel: Die zu mischenden Sorten sind im umgekehrten Verhältnis ihrer Preisdifferenzen zur Mischungssorte zu mischen.

Beispiel

In welchem Verhältnis sind zwei qualitativ unterschiedliche Sorten Salzsäure zu 16 €/ℓ bzw. 22 €/ℓ zu mischen, damit die Mischungssorte 18 €/ℓ kostet?

1. Sorte: 16 € ↘ ↗ 22 € – 18 € = 4 € → 4 Teile

18 €

2. Sorte: 22 € ↗ ↘ 18 € – 16 € = 2 € → 2 Teile

Das Mischungsverhältnis muss also 2 : 1 sein.

Verteilungsrechnung

Beim Verteilungsrechnen geht es darum, die Verhältnisse oder den Maßstab verschiedenartiger Dinge oder Personen zueinander zu bestimmen. Man kann diese Aufgaben auf verschiedene Art und Weise lösen, beispielsweise mithilfe der Bruchrechnung oder Prozentrechnung. Oft kann man auch den Dreisatz anwenden. Das Wichtigste bei diesen Aufgaben ist die Erkenntnis, in wie viele Teile das Ganze aufgeteilt werden soll.

Beispiel

100 Goldtaler sollen im Verhältnis 2 : 3 aufgeteilt werden.

Wie groß ist der kleinere Teil?

Das heißt, die Taler werden zuerst in 5 Teile aufgeteilt: $\frac{100}{2+3} = 20$

Der kleinere Anteil soll nun 2 Teile ausmachen, daraus folgt: $20 \cdot 2 = 40$

»40 Taler« ist unsere gesuchte Lösung. Folglich umfasst der größere Teil 60 Taler.

Flächen- und Raumberechnung

Im Folgenden finden Sie die gängigsten Grundlagen zu Flächen- und Raumberechnungen.

Flächeninhalte

Quadrat:	$A = a^2$
Rechteck:	$A = \text{Länge} \cdot \text{Breite}$
Parallelogramm:	$A = \text{Grundseite} \cdot \text{Höhe}$
Dreieck:	$A = \frac{1}{2} \cdot \text{Grundseite} \cdot \text{Höhe}$
Kreis:	$A = \pi \cdot \text{Radius}^2$

Volumen

Würfel:	$V = a^3$
Quader:	$V = \text{Höhe} \cdot \text{Breite} \cdot \text{Länge}$
Quadratische Pyramide:	$V = \frac{1}{3} \cdot \text{Grundfläche} \cdot \text{Höhe}$
Zylinder:	$V = \pi \cdot \text{Radius}^2 \cdot \text{Höhe}$
Kegel:	$V = \frac{\pi}{3} \cdot \text{Radius}^2 \cdot \text{Höhe}$
Kugel:	$V = \frac{4}{3} \cdot \pi \cdot \text{Radius}^3$

Umfang

Quadrat:	$U = 4 \cdot a$
Rechteck:	$U = 2\,(a + b)$
Kreis:	$U = 2 \cdot \pi \cdot r$

Oberfläche

Würfel:	$O = 6 \cdot a^2$
Quader:	$O = 2 \cdot (a \cdot b + a \cdot c + b \cdot c)$
Kugel:	$O = 4 \cdot \pi \cdot r^2$
Kegel (Mantelfläche):	$O_M = \pi \cdot r \cdot s$
Kegel (Gesamtoberfläche):	$O_G = \pi \cdot r^2 + \pi \cdot r \cdot s$
Quadr. Pyramide (Mantel):	$O_M = 2 \cdot h_a \cdot a$
Quadr. Pyramide (gesamt):	$O_G = a^2 + 2 \cdot h_a \cdot a$

Dreieck

Grundseite: Eine beliebige Seite des Dreiecks, die als Bezugseite genommen wird.

Höhe: Steht senkrecht auf einer Seite und geht durch den gegenüberliegenden Dreieckspunkt.

Seitenhalbierende: Halbiert eine Seite und geht durch den gegenüberliegenden Dreieckspunkt. Die drei Seitenhalbierenden teilen sich gegenseitig im Verhältnis 1:2. Der Schnittpunkt der Seitenhalbierenden ist der Schwerpunkt eines (gleichmäßig mit Masse belegten) Dreiecks.

Rechtwinkliges Dreieck:

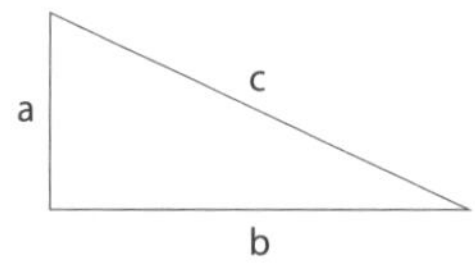

- Katheten sind Dreiecksseiten, die aufeinander senkrecht stehen.
- Eine Hypotenuse ist die Seite, die dem rechten Winkel gegenüber liegt.
- In einem rechtwinkligen Dreieck gilt der Satz des Pythagoras: $a^2 + b^2 = c^2$ oder anders geschrieben: $(\text{Kathete } 1)^2 + (\text{Kathete } 2)^2 = (\text{Hypotenuse})^2$

Massen-, Dichte- und Volumenberechnung

Zur Berechnung der folgenden Textaufgabe ist nur eine einzige Formel vonnöten: Masse $m = \text{Dichte } \rho \cdot \text{Volumen } V$

Wenn nicht die Masse gesucht ist, muss die Formel nach der Dichte bzw. nach dem Volumen umgestellt werden.

Beispiel

Welches Volumen hat ein Körper ($m = 100$ g) mit der Dichte $\rho = 10\ \frac{g}{cm^3}$?

$V = \frac{m}{\rho} = \frac{100\ g}{10\ g}\ cm^3 = 10\ cm^3$

Einheiten

Volumen: siehe Abschnitt Flächen und Räume

Masse: 1 Kilogramm = 1 000 Gramm = 0,001 Tonnen

Dichte: $1\ \frac{kg}{m^3} = 0{,}001\ \frac{g}{cm^3}$

Berechnungen von Bewegungen

Bewegungen lassen sich physikalisch durch die folgenden Grundgleichungen beschreiben:

$s = v \cdot t \leftrightarrow v = \frac{s}{t} \leftrightarrow t = \frac{s}{v}$

$v = a \cdot t \leftrightarrow a = \frac{v}{t} \leftrightarrow t = \frac{v}{a}$

s – Weg
v – Geschwindigkeit
t – Zeit
a – Beschleunigung

Beispiel
Wie lange braucht ein Auto ($v = 80\,\frac{km}{h}$) für eine Strecke von 100 Kilometern?
$t = \frac{s}{v} = \frac{100\,km}{80\,\frac{km}{h}} = 1{,}25\,h$

Einheiten

Geschwindigkeit:	$1\,\frac{m}{s} = 3{,}6\,\frac{km}{h}$
Weg:	1 m = 10 dm = 100 cm = 1 000 mm = 0,001 km
Zeit:	1 h = 60 min = 3 600 s
Beschleunigung:	$1\,\frac{m}{s^2}$

Beachten Sie, dass man Stunden und Minuten nicht miteinander verrechnen darf, sondern sich immer für eine Zeiteinheit entscheiden muss. Ebenso verhält es sich mit Kilometern, Metern, Dezimetern, Zentimetern, Millimetern usw.

Kopfrechnen

Der Kopfrechentest wird von den meisten Testteilnehmern in der Regel als relativ leicht empfunden. Es können Sie bis zu 50 Aufgaben erwarten, deren Lösungszeit je nach Schwierigkeitsgrad variiert. Sollten Sie eine Aufgabe nicht lösen können, so lassen Sie diese einfach aus. Falsche Lösungen können Ihnen auch Minuspunkte einbringen.

Hier gibt es nicht viel zu »knacken«, Training hilft aber weiter. Lassen Sie sich die folgenden 15 Aufgaben von einem Helfer vorlesen. Dieser soll je nach Aufgabenschwierigkeit die Zeit zum Lösen etwas ausdehnen oder verkürzen. Da Sie die Aufgaben nur vorgelesen bekommen, sollten Sie sie auch jetzt nicht alleine üben. Vorgelesen müssen Sie sich die Aufgaben merken (trainiert auch das Gedächtnis). Veranschlagen Sie pro Aufgabe ca. 10 – 15 Sekunden Bearbeitungszeit.

Die sonst übliche Regel »Punktrechnung vor Strichrechnung« gilt bei diesem Test *nicht.*

Aufgaben

1. $17 \cdot 17$
2. $3 \cdot 5 + 10$
3. $97 + 98$
4. $102 + 37 - 56$
5. $13 \cdot 14$
6. 6^3
7. $49 - 17 \cdot 2{,}5$
8. $13 \cdot 17$
9. 3. Wurzel aus 64
10. $8 \cdot 7 - 19$
11. $17 \cdot 13 - 47$
12. $4^3 - 7{,}8$
13. $89 + 407 - 341$
14. $2^4 - 2^3$
15. $16 \cdot 17 - 84 + 8{,}8$

Lösungen

1. 289
2. 25
3. 195
4. 83
5. 182
6. 216
7. 80
8. 221
9. 4
10. 37
11. 174
12. 56,2
13. 155
14. 8
15. 196,8

Bearbeitungstipps

Kopfrechen ist recht leicht erlern- und trainierbar. Meist wissen Sie schon selbst vor den Tests, ob Sie noch Nachholbedarf haben oder nicht. Wenn Ihnen Kopfrechnen schwerfällt, so empfehlen wir, bewusst den Taschenrechner nicht zu benutzen, wenn Sie im Alltag Dinge ausrechnen müssen. Sie werden sehen, dass es zwar am Anfang etwas länger dauert, Sie aber Tag für Tag schneller und sicherer werden. Zusätzlich hier noch einige Hinweise zur Testbearbeitung:

- Die Regel »Punkt vor Strich« ist grundsätzlich anzuwenden, es sei denn, Sie werden vor Testbeginn ausdrücklich darauf hingewiesen, dass dies nicht der Fall ist.
- Machen Sie sich die Aufgabenstellungen leichter: $97+98$ kann auch als $100+100-5$ gerechnet werden. Gleiches gilt für $3 \cdot 17 \rightarrow 3 \cdot 20-(3 \cdot 3)=51$
- Lernen Sie vor dem Test das große Einmaleins bis $25 \cdot 25$. Sie sparen enorme Zeit und vermeiden Fehlerquellen!
- Lernen Sie dabei zur Sicherheit auch bewusst noch mal die Quadratzahlen bis $25 \cdot 25$ und zusätzlich die Potenzen bis 10^3. Sollten nun Wurzeln in den Aufgabenstellungen gefragt werden – z. B. 3. Wurzel aus x –, so werden Ihnen diese Aufgaben kein Kopfzerbrechen bereiten.
- Haben Sie gängige mathematische Zahlen im Kopf! Beachten Sie dazu unbedingt auch die Grundlagen zur Mathematik ab Seite 150.

Rechenarten einfügen

Rechenarten kennen Sie sicherlich viele. In diesem Test bekommen Sie verschiedene Zahlen und ein Endergebnis präsentiert. In den Lücken zwischen den Zahlen müssen Sie die Rechenoperationen eintragen, die am Schluss das angegebene Endergebnis ergeben. Erlaubt sind dabei nur die Addition, Subtraktion, Multiplikation und Division. Ganz wichtig: Es gilt die Regel »Punkt vor Strich«.

Beispiel 1: $2 \square 3 \square 5 = 17$

Um die Aufgabe richtig zu lösen, müssen Sie zuerst $3 \cdot 5$ rechnen (Punkt vor Strich) und danach die 2 addieren, also ein »+« einfügen. Korrekt geschrieben erhalten Sie nun die Lösung:

$2 \boxed{+} 3 \boxed{\cdot} 5 = 17$

Beispiel 2: $8 \square 4 \square 2 = 10$

Rechnen Sie hier zunächst $4:2$ und addieren Sie dann die 8, so erhalten Sie als richtige Lösung:

$8 \boxed{+} 4 \boxed{:} 2 = 10$

Theoretisch kann es vorkommen, dass es verschiedene Wege gibt, mit den gegebenen Zahlen zum gesuchten Ergebnis zu kommen. In diesem Fall werden auch unterschiedliche Lösungen als korrekt gewertet.

Aufgaben

1. $2 \square 3 = 5$

2. $2 \square 3 = 6$

3. $6 \square 4 \square 4 = 14$

4. $4 \square 2 \square 4 = 12$

5. $15 \square 3 \square 5 = 9$

6. $26 \square 3 \square 2 = 156$

7. $12 \square 3 \square 4 \square 2 = 6$

8. $17 \square 3 \square 10 \square 2 = 0$

9. $25 \square 6 \square 2 \square 33 = 46$

10. $20 \square 12 \square 5 \square 10 = 26$

Lösungen

1. $2+3=5$
2. $2 \cdot 3=6$
3. $6+4+4=14$
4. $4 \cdot 2+4=12$
5. $15 \cdot 3:5=9$
6. $26 \cdot 3 \cdot 2=156$
7. $12:3+4-2=6$
8. $17+3-10 \cdot 2=0$
9. $25-6 \cdot 2+33=46$
10. $20+12 \cdot 5:10=26$

Bearbeitungstipps

Lassen Sie sich auf keinen Fall entmutigen: Dieser Aufgabentyp ist so konstruiert, dass Sie nur sehr selten alle Aufgaben innerhalb der Bearbeitungszeit korrekt lösen können. Bearbeiten Sie die Aufgaben aber auf jeden Fall in der vorgegebenen Reihenfolge, da der Schwierigkeitsgrad kontinuierlich ansteigt. Merken Sie, dass Sie bei einer Aufgabe nicht weiterkommen, so lassen Sie diese einfach aus und gehen Sie zur nächsten über.

Bevor Sie mit den Aufgaben beginnen, sollten Sie sich zunächst das Endergebnis ansehen. Je nach Größe des gesuchten Ergebnisses können Sie schon grob ableiten, welche Rechenarten gesucht werden: Bei größeren Ergebnissen und kleinen Zahlen muss z. B. fast immer an mindestens einer Stelle eine Multiplikation durchgeführt werden. Ein kleines Endergebnis bei großen Zahlen deutet dagegen auf (mindestens) eine erforderliche Division hin.

Wichtig für diese Art von Aufgaben sind sehr gute Rechenfähigkeiten im Zahlenbereich des großen Einmaleins. Haben Sie damit Schwierigkeiten, so sollten Sie es in Erwägung ziehen, das große Einmaleins bis $25 \cdot 25$ auswendig zu lernen. Nutzen Sie hierzu auch die weiteren Trainingsmöglichkeiten, die Ihnen dieses Buch bietet.

Schätzaufgaben

Bei den folgenden Rechenaufgaben geht es mehr um die Auffassungsgeschwindigkeit bei der Abschätzung der wahrscheinlich richtigen Lösung als um wirkliche Rechenfähigkeit.

1. Aufgabe $1\,411 \cdot 511 + 25\,302 =$

a) 746 323
b) 255 401
c) 300 425
d) 195 798

2. Aufgabe $50\,384 \cdot 69\,938 =$

a) 8 754 356 872
b) 5 543 742 762
c) 3 523 756 192
d) 1 238 475 432

3. Aufgabe $79^2 =$

a) 6 398
b) 6 241
c) 6 112
d) 7 198

4. Aufgabe $49\,371\frac{1}{7} \cdot 7 =$

a) $350\,167\frac{1}{7}$
b) 345 598
c) $335\,698\frac{1}{7}$
d) 345 597

Lösungen

1. Aufgabe a)

Diese Aufgabe ist sehr leicht zu überschlagen: Beginnen Sie Ihren Lösungsweg, indem Sie zunächst die beiden Endziffern der Multiplikation (Achtung, es gilt, so nicht anders erwähnt, immer »Punkt vor Strich«) betrachten: $1 \cdot 1$ ergibt 1. Addieren Sie nun noch die Endziffer der zweiten Zahl, die 2, hinzu, so erhalten Sie als Endziffer der gesuchten Lösung die 3. Die Endziffer 3 kommt nur in Lösung a) vor, sodass dies die korrekte Antwort auf die Frage ist.

2. Aufgabe c)

Hier kommen Sie nicht weiter, wenn Sie nur die Endziffern betrachten. $4 \cdot 8$ ergibt 32, wobei die 2 als Endziffer in allen Lösungen vorkommt. Wenn Sie die Aufgabe jedoch von vorne mit $5 \cdot 69$ beginnen, so erhalten Sie als erste Lösungsziffer die 345. Nur eine Lösung beginnt mit einer 3, sodass hier die Lösung c) richtig sein muss.

3. Aufgabe b)

Auch hier können Sie es sich leicht machen: Rechnen Sie statt 79^2 zunächst nur 9^2 und Sie erhalten als Endziffer die 1. Diese Zahl kommt nur in Lösungsvorschlag b) vor, sodass dies die gesuchte Lösung ist.

4. Aufgabe b)

Schreiben Sie zunächst $49\,371\frac{1}{7}$ als einen kompletten Bruch. Dabei brauchen Sie nicht genau zu rechnen: Die Endziffer im Zähler muss eine 8 sein (rechnen Sie nur mit der Endziffer: $1 \cdot 7 + 1 = 8$) und im Nenner muss eine 7 stehen. Wenn im Nenner nun eine 7 steht und mit 7 multipliziert werden soll, so hebt sich die Rechnung auf, sodass als Endergebnis eine ganze Zahl mit der Endziffer 8 zwingend ist. Einzig Lösung b) hat die glatte Endziffer 8.

5. Aufgabe $48\,190\frac{2}{10} \cdot 10 =$

a) 481 900
b) 481 902
c) $481\,902\frac{2}{10}$
d) 481 901

6. Aufgabe $3\,574\,158 : \frac{1}{2} =$

a) 1 787 079
b) 7 148 316
c) 1 780 018
d) 6 985 079

7. Aufgabe $11\frac{1}{2}$ % von 9 755 =

a) 998,745
b) 1 320,505
c) 100,925
d) 1 121,825

8. Aufgabe 7,5 % von 1 115 =

a) 83,625
b) 79,123
c) 81,013
d) 90,785

Bearbeitungstipps

Bei diesem Aufgabentyp gilt: Übung macht den Meister! Da bei Schätzaufgaben nicht primär Ihre präzise Rechenfähigkeit, sondern Ihre Auffassungsgabe gefordert ist, tun Sie gut daran, diese regelmäßig zu trainieren. Dazu können Sie sich auch Rechenblocks selber ausdenken. Beachten Sie nur, dass es sich bei den Zahlen um Größenordnungen handelt, deren Lösung man nicht problemlos errechnen kann.

Es genügt, täglich 5 bis 10 Minuten zu trainieren. Wenn Sie anfangs noch recht lange überlegen müssen, werden Sie mit der Zeit immer schneller in

5. Aufgabe b)

Auch hier können Sie wie bei Aufgabe 4 vorgehen. Nehmen Sie die Endziffer von 48 190, in unserem Fall also die 0. $0 \cdot 10+2=2$, d.h., die Endziffer im Zähler muss die 2 sein. Da hier mit 10 multipliziert werden soll und unser Bruch nun die 10 im Nenner hat, haben wir die Rechenoperation aufgehoben und es bleibt bei der 2 als Endziffer. Damit kann Lösung b) die einzig richtige Lösung sein.

6. Aufgabe b)

Durch einen Bruch wird geteilt, indem man mit dem Kehrwert multipliziert. Dies bedeutet, dass hier die 8 mit der 2 multipliziert werden muss. Als Endziffer erhält man nun die 6. Keine andere Lösung als b) hat die 6 als Endziffer, sodass b) die gesuchte Lösung ist.

7. Aufgabe d)

Berechnen Sie zunächst 11 % von 9755, also $9\,755 \cdot 11 = 9\,755 \cdot 10 + 9\,755 = 97\,550 + 9\,755 = 107\,305$ und teilen das Ergebnis durch 100, es ergibt sich 1 073,05. Damit lassen sich a) und c) ausschließen, da die Zahlen kleiner als 1 073,05 sind. Berechnen Sie dann 1 % von 9755, das ist gleich 97,55, also etwas weniger als 100. Damit sind 12 % von 9 755 etwas weniger $1\,073{,}05 + 100 \approx 1\,200$. Damit lässt sich auch b) ausschließen, da die Zahl größer als 1 200 ist. Es verbleibt d) als Lösung.

8. Aufgabe a)

Rechnen Sie beim Prozentsatz ohne Kommas und z. B. nur mit den letzten beiden Endziffern „15" der Zahl 1 115, so erhalten Sie $75 \cdot 15 = 1\,125$. Die gesuchte Lösung muss also die 25 am Ende stehen haben, was nur bei Lösungsmöglichkeit a) der Fall ist.

der Auffassung der Aufgabe und dem Abschätzen oder Überschlagen der Lösung.

So bekommen Sie ein Gefühl für die richtige Lösung bzw. können auf den ersten oder zweiten Blick bereits Lösungsmöglichkeiten ausschließen und brauchen sich dann intensiver nur noch mit zwei oder drei Lösungsmöglichkeiten auseinandersetzen.

Dazu ist es oft hilfreich, sich erst einmal nur die Endziffern oder Anfangsziffern anzuschauen, um auf die korrekte Lösung zu kommen und falsche Antworten auszuschließen.

Textaufgaben

Ein beliebter Bestandteil von Einstellungs- und Eignungstests sind Textaufgaben, bei denen Sie verschiedene Fragetypen und Aufgabenstellungen bearbeiten sollen. Versuchen Sie sich nun bitte an den folgenden Aufgaben.

1. Aufgabe Ein Motorroller verbraucht 6 Liter Benzin auf 100 km. Wie viel verbraucht er auf 250 km und wie viele km kann er mit einem 24 Liter fassenden Tank fahren?

2. Aufgabe Ein Malergeselle renoviert ein Zimmer von 18 m^2 an einem Arbeitstag in 8 Stunden. Der Azubi schafft in der gleichen Zeit nur $\frac{1}{3}$ dieser Arbeitsleistung. Der Meister arbeitet noch schneller als der Geselle und liegt damit 25 % höher in der Arbeitsleistung. Wie hoch ist die Differenz der geleisteten Arbeit (renovierter Raum in qm) zwischen bestem und schlechtestem Ergebnis nach eineinhalb Arbeitstagen?

Lösungen

1. Aufgabe Wie viel Liter verbraucht der Motorroller auf 250 km?

Gegeben: 6 Liter $\triangleq$ 100 km
x Liter $\triangleq$ 250 km

Gesucht: Verbrauch auf 250 km

Lösungsweg: $\frac{6}{100} = 1$ km
$\frac{6}{100} \cdot 250 = 15 =$ Verbrauch auf 250 km

Lösung: Der Motorroller verbraucht 15 Liter auf 250 km.

Wie viele km kann der Motorroller fahren, wenn er 24 Liter im Tank hat?

Gegeben: 6 Liter $\triangleq$ 100 km

Gesucht: Maximal mögliche Wegstrecke bei einem 24-Liter-Tank

Lösungsweg: $\frac{24}{6} = 4$ (Die 4 ist noch · 100 zu nehmen, da der Verbrauch immer in Liter / 100 km angegeben wird.)

Lösung: Der Motorroller kann mit einem 24-Liter-Tank 400 km weit fahren.

2. Aufgabe *Gegeben:* Geselle = 18 m^2 = 8 Std. = 1 Arbeitstag
Azubi = $\frac{18}{3}$ m^2 = 6 m^2 = 8 Std. = 1 Arbeitstag
Meister = 18 · 1,25 = 22,5 m^2 = 8 Std. = 1 Arbeitstag
(Hinweis: Die Leistung des Malers ist 25 % größer als die des Gesellen. 25 % mehr lassen sich in 1,25 ausdrücken.)

Gesucht: Differenz zwischen dem besten (Meister) und schlechtesten (Azubi) Arbeitsergebnis nach eineinhalb Tagen

Lösungsweg: Zunächst gilt es die Arbeitsleistung des Besten und Schlechtesten zu ermitteln. Dies ist durch die Aufgabenstellung jedoch schon so gut wie vorgegeben (s. o.). Somit kann man sich nun auf die eigentliche Fragestellung nach der Differenz des besten und schlechtesten Arbeitsergebnisses nach 1,5 Tagen konzentrieren:

$$\text{Azubi} = \frac{6\,m^2 \cdot 12\ \text{Std.}}{8} = 9\,m^2$$

$$\text{Meister} = \frac{22,5\,m^2 \cdot 12\ \text{Std.}}{8} = 33,75\,m^2$$

33,75 − 9 = 24,75

Lösung: Die Differenz zwischen der Leistung des Meisters und der des Azubis beträgt 24,75 m^2.

3. Aufgabe Ein Händler kauft für 10 500 € Gewürzpartien. An jeder verkauften Gewürzpartie verdient er 100 €. Nach Verkauf seines Gesamtbestandes hat er 14 000 € eingenommen. Wie viele Gewürzpartien hatte er?

4. Aufgabe Wie groß ist die monatliche Rate für die Bank bei einer jährlichen Zinslastbelastung von 9,5 % für eine Kreditsumme von 150 000 €?

5. Aufgabe Die Reaktionszeit eines Gefahrgutlastwagenfahrers beträgt eine Sekunde. Wie viele Meter fährt der Fahrer, wenn er mit einer Geschwindigkeit von 96 $\frac{km}{h}$ fährt und plötzlich ein Stauende sieht, bevor er anfängt zu bremsen?

6. Aufgabe Wie viele Kilometer fährt ein Radrennfahrer in 7 Stunden, wenn er es schafft, konstant 40 $\frac{km}{h}$ zu fahren?

3. Aufgabe

Gegeben: 10 500 € als Ausgabe, um Gewürzpartien zu kaufen
100 € als Gewinn pro verkaufter Partie
14 000 € als Gesamteinnahme nach Komplettverkauf (inkl. Gewinn)

Gesucht: Anzahl der Partien, die insgesamt verkauft wurden

Lösungsweg: $14\,000 - 10\,500 = 3\,500$ = Reingewinn aller Partien

$\frac{3\,500}{100} = 35$ = Gesamtbestand

(Hinweis: Der Reingewinn muss durch 100 geteilt werden, da dies der Gewinn *pro Partie* ist.)

Lösung: Der Gesamtbestand betrug 35 Gewürzpartien.

---

4. Aufgabe

Gegeben: Kredit = 150 000 €
Zinsen p. a. = 9,5 %

Gesucht: Größe der monatlichen Zinsrate

Lösungsweg: $150\,000 \cdot 0{,}095 = 14\,250$ = Zinsbetrag pro Jahr

$\frac{14\,250}{12} = 1\,187{,}50$ € = Zahl pro Monat

Lösung: Die monatliche Zinsrate beträgt 1 187,50 €.

---

5. Aufgabe

Gegeben: Die Reaktionszeit beträgt eine Sekunde.
Der Lastwagenfahrer fährt mit einer Geschwindigkeit von 96 $\frac{km}{h}$.

Gesucht: Wie viele Meter fährt der Lastwagenfahrer pro Sekunde (Reaktionszeit)?

Lösungsweg: 96 km = 96 000 m in einer Stunde

$\frac{96\,000}{60} = 1\,600$ m in einer Minute

$\frac{1600}{60} = 26\,\frac{2}{3}$ m pro Sekunde

Lösung: Die Wegstrecke beträgt 26 $\frac{2}{3}$ Meter, bis der Lastwagenfahrer reagiert.

---

6. Aufgabe

Gegeben: Der Radrennfahrer fährt konstant 40 km in einer Stunde.

Gesucht: Wie viele km schafft er in 7 Stunden?

Lösungsweg: $40\text{ km} \cdot 7 = 280$ km

Lösung: Die Wegstrecke in 7 Stunden beträgt 280 km.

7. Aufgabe 15 Kisten Bananen wiegen 250 kg. Jede leere Kiste wiegt 3 kg. Wie viel wiegen die Bananen?

8. Aufgabe Zwei Brüder sind zusammen 40 Jahre alt. Wie alt ist der jüngere Bruder, wenn der andere 6 Jahre älter ist?

9. Aufgabe Ein Mann macht mit seiner Frau eine Fahrradtour. Er fährt ab einer bestimmten Stelle, an der beide auf gleicher Höhe sind, 25 $\frac{\text{km}}{\text{h}}$. Seine Frau fährt weiterhin konstant mit 15 $\frac{\text{km}}{\text{h}}$. Nach 1,2 km hält er an und wartet auf seine Frau. Wie lange muss er warten?

7. Aufgabe

Gegeben: 15 Kisten wiegen je 3 kg, also insgesamt 45 kg. Das Gesamtgewicht aller Kisten inkl. Bananen beträgt 250 kg.

Gesucht: Wie viel wiegen die Bananen alleine?

Lösungsweg: $250\ \text{kg} - (15 \cdot 3\ \text{kg}) = 205\ \text{kg}$

Lösung: Die Bananen wiegen alleine 205 kg.

---

8. Aufgabe

Gegeben: Beide Brüder sind zusammen 40 Jahre alt, d.h.: $x+y=40$
Der ältere Bruder ist um 6 Jahre älter.

Gesucht: Wie alt ist der jüngere Bruder?

Lösungsweg: $A = \frac{40-6}{2} = \frac{34}{2} = 17$

Lösung: Der jüngere Bruder ist 17 Jahre alt (und der ältere somit 23 Jahre).

Alternativer Lösungsweg:

x = jüngerer Bruder, y = älterer Bruder

$y=x+6$ in $x+y=40$ einsetzen:

$x+x+6 = 40$

$2x+6 = 40 \quad |-6$

$2x = 34 \quad |:2$

$x = 17$

$y=6+x$

$y=6+17 = 23$

---

9. Aufgabe

Gegeben: $25\ \text{km} \mathrel{\hat{=}} 60$ Minuten $\mathrel{\hat{=}}$ Strecke Mann
Der Mann hält bereits nach 1,2 km an und wartet auf seine Frau.
$15\ \text{km} \mathrel{\hat{=}} 60$ Minuten $\mathrel{\hat{=}}$ Strecke Frau

Gesucht: Wie lange muss der Mann auf die Frau warten, wenn er nach 1,2 km anhält?

Lösungsweg: Für die Strecke des Mannes ($25\ \text{km} \mathrel{\hat{=}} 60$ Minuten):
$\frac{60}{25} = 2{,}4$ Minuten $\mathrel{\hat{=}} 1$ km
2,4 Minuten $\cdot$ 1,2 (km) = 2,88 Minuten
Für die Strecke der Frau ($15\ \text{km} \mathrel{\hat{=}} 60$ Minuten):
$\frac{60}{15} = 4$ Minuten $\mathrel{\hat{=}} 1$ km
4 Minuten $\cdot$ 1,2 (km) = 4,8 Minuten
Wartezeit des Mannes: $4{,}8 - 2{,}88 = 1{,}92$ Minuten

Lösung: Der Mann muss 1,92 Minuten auf seine Frau warten.

10. Aufgabe Wenn eine Flasche Champagner zu $\frac{7}{8}$ gefüllt ist und 84 € kostet, wie viel kostet sie dann, wenn sie nur noch halb gefüllt ist?

11. Aufgabe Ein Marktplatz der Größe 100 Meter mal 144 Meter soll mit gleich großen quadratischen Platten ausgelegt werden. Nennen Sie die größtmögliche Abmessung der Platten, sodass keine Platte zurechtgeschnitten werden muss.

12. Aufgabe Ein Paar erhält zur Hochzeit von seinen Eltern einen Geldbetrag in Höhe von 8 500 € für ein neues Auto geschenkt. Das eine Elternpaar gibt $\frac{1}{3}$, das andere $\frac{3}{8}$ des Autopreises. Was kostet das neue Auto?

10. Aufgabe *Gegeben:* $\frac{7}{8}$ entsprechen 84 €, $\frac{1}{2}$ entsprechen x €.

Gesucht: Wie viel kostet eine halbe Flasche?

Lösungsweg: $\frac{7}{8} = 84$ €

Hier wird zunächst durch 7 geteilt, damit errechnet wird, wie viel $\frac{1}{8}$ der Flasche kostet.

$\frac{1}{8} \triangleq \frac{84}{7} = 12$ €

$\frac{1}{8}$ der Flasche kostet somit 12 €,

gesucht sind aber $\frac{1}{2}$ Flasche $= \frac{4}{8}$, daher $\cdot 4$ auf beiden Seiten: $\frac{1}{8} \cdot 4 \triangleq 12 \cdot 4 = 48$ €

Lösung: Die halbe Flasche kostet 48 €.

11. Aufgabe *Gegeben:* Seitenlängen des Marktplatzes: 100 und 144.

Gesucht: Größter gemeinsamer Teiler der Seitenlängen des Marktplatzes

Lösungsweg: Gesucht ist das ggT der Zahlen 100 und 144.

100:	$2 \cdot 2$		$\cdot 5 \cdot 5$	
144:	$2 \cdot 2 \cdot 2 \cdot 2$	$\cdot 3 \cdot 3$		
ggT	$2 \cdot 2$			$= 4$

Lösung: Die Abmessung einer Platte beträgt $4 \cdot 4$ Meter.

12. Aufgabe *Gegeben:* Die Eltern zahlen $\frac{1}{3}$ und $\frac{3}{8}$ des Autopreises (im Folgenden mit x bezeichnet), also insgesamt 8 500 €.

Gesucht: Was kostet das neue Auto insgesamt?

Lösungsweg: $\frac{1}{3}x + \frac{3}{8}x = 8\,500$ € | Suche des kgV von 3 und 8 (=24)

$\frac{8}{24}x + \frac{9}{24}x = \frac{17}{24}x = 8\,500$ € | : 17 · 24

$x = 12\,000$ €

Lösung: Das Auto kostet 12 000 €.

13. Aufgabe Wenn ein Bürovorsteher dreimal so alt ist wie die jüngste Auszubildende und doppelt so alt ist wie die dienstälteste Sekretärin und alle drei Personen zusammen auf ein Lebensalter von 88 Jahren zurückblicken können, wie alt ist dann jeder Einzelne?

14. Aufgabe Die Radrennfahrer Christian und Mark fahren 10 Kilometer um die Wette. Christian kommt mit 100 Metern Vorsprung vor Mark ins Ziel. Bei der Revanche startet Christian 100 Meter hinter Mark, sodass er nun 10 100 Meter zu fahren hat. Wer gewinnt nun, wenn man davon ausgeht, dass beide genauso schnell fahren wie vorher?

13. Aufgabe *Gegeben:* Bürovorsteher B, Azubi A und Sekretärin S

$B = 3 \cdot A \quad$ (I)

$B = 2 \cdot S \quad$ (II)

$B + A + S = 88 \quad$ (III)

Gesucht: Lebensalter der einzelnen Personen

Lösungsweg: Aus (I) und (II) folgt: $A = \frac{B}{3}$ und $S = \frac{B}{2}$

Einsetzen in (III) liefert:

$B + \frac{1}{3}B + \frac{1}{2}B = 88$

$\frac{11}{6}B = 88$

$B = 48$

Dieser Wert wird wiederum in (I) und (II) eingesetzt, sodass man das Alter der Auszubildenden und der Sekretärin erhält:

$A = \frac{B}{3} = \frac{48}{3} = 16$

$S = \frac{B}{2} = \frac{48}{2} = 24$

Lösung: Der Bürovorsteher ist somit 48 Jahre alt, die Auszubildende 16 Jahre und die Sekretärin 24 Jahre.

---

14. Aufgabe *Gegeben:* Strecke des ersten Rennens = 10 000 m

Strecke des zweiten Rennens für Christian = 10 100 m

Strecke des zweiten Rennens für Mark = 10 000 m

Beide fahren im 1. und 2. Rennen je gleich schnell.

Gesucht: Wer wird Gewinner des zweiten Rennens?

Lösungsweg: Zuerst gilt es zu ermitteln, wie schnell beide im ersten Rennen fahren.

Dazu gilt: $v = \frac{s}{t}$

$V_{Christian} = \frac{10\,000\text{ m}}{t} \qquad V_{Mark} = \frac{9\,900\text{ m}}{t}$

Wie viel Zeit brauchen die beiden nun jeweils für ihre Strecke beim zweiten Rennen?

Dafür gilt nun umgeformt: $t = \frac{s}{v}$

$t_{Christian} = \frac{s_{Christian}}{v_{Mark}} = \frac{\frac{10\,100\text{ m}}{10\,000\text{ m}}}{t} = \frac{10\,100\text{ m} \cdot t}{10\,000\text{ m}} = 1\frac{1}{100} \cdot t$

$t_{Mark} = \frac{s_{Mark}}{v_{Mark}} = \frac{\frac{10\,000\text{ m}}{9\,900\text{m}}}{t} = \frac{10\,000\text{ m} \cdot t}{9\,900\text{ m}} = 1\frac{1}{99} \cdot t$

$1\frac{1}{99} \cdot t > 1\frac{1}{100} \cdot t$

Lösung: $t_{Mark} > t_{Christian}$ woraus folgt, dass Christian erneut der Sieger ist.

15. Aufgabe In einem Rechteck verhalten sich die Seitenlängen wie 3:2. Verlängert man die kürzere Seite um 3 cm und verkürzt gleichzeitig die längere Seite um 1 cm, so nimmt der Flächeninhalt um 14,5 cm^2 zu. Berechnen Sie die Seitenlängen des ursprünglichen Rechtecks.

15. Aufgabe *Gegeben:* Das Seitenverhältnis ist: 2:3

Verlängert man die kürzere Seite um 3 cm und verkürzt gleichzeitig die längere Seite um 1 cm, so nimmt der Flächeninhalt um 14,5 cm^2 zu.

Gesucht: Seitenlängen des ursprünglichen Rechtecks

Lösungsweg: Seitenverhältnis: $\frac{x}{y} = \frac{3}{2}$

$$x = 1{,}5y$$

Flächeninhalt: $A_{vorher} = x \cdot y$

$A_{nachher} = (x-1) \cdot (y+3)$

$$A_{nachher} = A_{vorher} + 14{,}5$$

$$(x-1) \cdot (y+3) = x \cdot y + 14{,}5$$

$$x \cdot y + 3x - y - 3 = x \cdot y + 14{,}5$$

$$3x - y = 17{,}5$$

Gleichungssystem:

$$\begin{array}{|l} x = 1{,}5y \\ \wedge \quad 3x - y = 17{,}5 \\ \hline \end{array}$$

$$3 \cdot 1{,}5y - y = 17{,}5$$

$$3{,}5y = 17{,}5$$

$$y = 5$$

$$x = 1{,}5 \cdot 5$$

$$x = 7{,}5$$

$$\mathbb{L} = \{(7{,}5 | 5)\}$$

Die Seiten des Rechtecks sind 7,5 cm und 5 cm lang.

16. Aufgabe Ein Pferdestall muss dringend saniert werden. Er ist 8 Meter lang, 3 Meter breit und insgesamt 3,5 Meter hoch. Eine Dachschräge ist 3 Meter breit und die Dachhöhe beträgt 1,50 Meter. Berechnen Sie die Dachfläche. Berechnen Sie die gesamten äußeren Wandflächen.

Bearbeitungstipps

Textaufgaben sind wahrscheinlich jedem aus der Schulzeit noch gut in (eher schlechter) Erinnerung. Vielen ist es ein Rätsel geblieben, wie man an das Lösen von Textaufgaben richtig herangeht. Ihnen geht es auch so? Sie sind in guter Gesellschaft!

Wir möchten Ihnen auch an dieser Stelle ein paar Grundregeln mit auf den Weg geben, die Ihnen den Einstieg in die Lösung von Textaufgaben erleichtern sollen.

Lesen Sie sich den Aufgabentext gründlich in Ruhe durch. Oft kann es hilfreich sein, einen Text zweimal oder mehrmals zu lesen. Worum geht es eigentlich?

Schauen Sie im Text darauf, was gegeben ist und was gesucht wird. Welche Zusatzinformationen sind vorhanden? Fällt Ihnen eine Formel zur Aufgabenstellung ein?

Bestimmen Sie genau Ihre Unbekannte. Häufig wird mit der Unbekannten in einer Gleichung gerechnet, sodass Ihnen klar sein muss, für was das x in der Gleichung steht. Schreiben Sie das gegebenenfalls dazu und benennen Sie auch die Maßeinheit (z. B. »Gesucht ist die Höhe des Baumes in cm«).

Stellen Sie eine Gleichung auf. Die Gleichung fasst das Problem der Aufgabe zusammen und bildet es mathematisch ab. Beachten Sie, dass Sie in der Gleichung eine einheitliche Maßeinheit verwenden. Es kann hilfreich sein, die Gleichung erst einmal in eigenen Worten auszuformulieren. Bei geometrischen Problemen hilft es, zum besseren Verständnis eine Skizze zu machen.

Lösen Sie die Gleichung auf. Im Allgemeinen gilt: Suchen Sie nach einem Lösungsweg, der Ihnen verständlich ist. So sind Sie gezwungen, wirklich zu überlegen und die Lösung logisch herzuleiten. Schreiben Sie sich Ihren Lösungsweg so ausführlich auf, wie Sie es benötigen. Das hilft Ihnen mehr, als die hier vorgegebenen Lösungswege nur nachzuarbeiten.

Häufig sind in den Aufgabenblöcken solcher Textaufgaben auch Aufgaben enthalten, die man schnell und sehr leicht durch geschicktes Überlegen lösen kann, ohne dass nach Formeln und Unbekannten gesucht werden muss. Halten Sie Ausschau nach solchen Aufgaben! Sie zu lösen motiviert und gibt das Gefühl, ein gutes Stück vorangekommen zu sein.

16. Aufgabe

Gegeben: Der Pferdestall ist 8 m lang, 3 m breit und insgesamt 3,5 m hoch. Eine Dachschräge ist 3 m breit und die Dachhöhe beträgt 1,50 m.

Gesucht:
a) Dachfläche
b) Die gesamten äußeren Wandflächen

Lösungsweg für a)

$A_{Dach} = 2 \cdot a \cdot b$

$A_{Dach} = 2 \cdot 8\,m \cdot 3\,m$

$A_{Dach} = 48\,m^2$

Lösungsweg für b)

Die 2 m hohe Wand geht einmal rund um den Stall. Dazu kommen 2 Dreiecke in den Dachgiebeln.

$A_{Wand} = u \cdot 2\,m$

$A_{Wand} = (2 \cdot 8\,m + 2 \cdot 3\,m) \cdot 2\,m$

$A_{Wand} = 44\,m^2$

$A_{2\,Dreiecke} = 2 \cdot \frac{g \cdot h}{2}$

$A_{2\,Dreiecke} = 2 \cdot \frac{3\,m \cdot 1{,}5\,m}{2}$

$A_{2\,Dreiecke} = 4{,}5\,m^2$

$A_{ges} = A_{2\,Dreiecke} + A_{Wand}$

$A_{ges} = 44\,m^2 + 4{,}5\,m^2$

$A_{ges} = 48{,}5\,m^2$

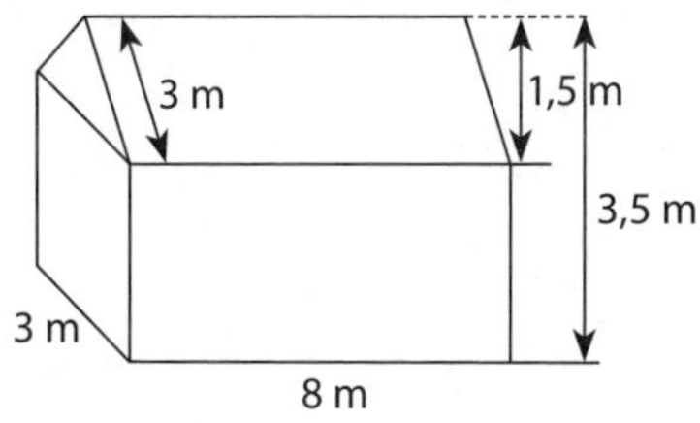

Medienarbeit / Ideenfindung / Präsentation

Gute Medienarbeit und kreative Ideenfindung bieten Ihnen Gelegenheit, eine Auswahlkommission von Ihrer Person zu überzeugen. Gerade in diesem vermeintlich einfachen und in Schule oder Studium schon oft geübten Bereich liegen jedoch auch Fallstricke, die im schlimmsten Fall zum Ausscheiden aus dem Bewerbungsverfahren führen können. Wir zeigen Ihnen, wie Sie sich auf den Medieneinsatz gut vorbereiten und alle Fehler vermeiden.

Brainstorming

Brainstorming ist eine Methode, die Ihnen bei verschiedenen im Assessment Center (abgekürzt: AC) gestellten Aufgaben helfen kann, zu bestehen. Brainstorming können Sie sowohl allein anwenden als auch gemeinsam in einer Gruppe.

Einzel-Brainstorming

Haben Sie beispielsweise ein Vortragsthema aufbekommen, zu dem Sie in kürzester Zeit einen kleinen Vortrag halten sollen, so können Sie sich hierauf mittels Brainstorming vorbereiten. Nehmen Sie dafür ein Blatt Papier und einen Stift zur Hand und beginnen Sie, alle Ihnen spontan einfallenden Ideen zu notieren. Hierbei sollten Sie folgende »Regeln« beachten:

- Alle Ideen sind erlaubt.
- Ein Weiterentwickeln von Ideen ist zulässig.
- Sie machen sich um die Inhalte einer einzelnen Idee jetzt noch *keine* Gedanken (keine Relativierung / Kritik an der Idee zum jetzigen Zeitpunkt).
- Setzen Sie sich selbst einen engen zeitlichen Rahmen zur Ideensammlung, der im sinnvollen Verhältnis zur insgesamt zur Verfügung stehenden Bearbeitungszeit steht.

Nachdem Sie alle Ideen notiert haben, beginnen Sie diese zu gruppieren, zu sortieren und zu bewerten. Wägen Sie die jeweiligen Vor- und Nachteile ab und finden Sie die Lösung, die Sie später vorstellen wollen. Wenn vorhanden, empfehlen wir Ihnen die Nutzung von Metaplankarten, um Ihre Ideen den Beobachtern und / oder der Gruppe eindrucksvoller vorzustellen.

Tipp: Unter Umständen kann es sinnvoll sein, neben dem reinen Endergebnis den Beobachtern und / oder der Gruppe auch den Weg aufzuzeigen, wie Sie gerade auf diese (Ihre) Lösung gekommen sind – eventuell verbunden mit weiteren Aspekten, für die Sie in der Vorbereitung keine Zeit hatten.

Gruppen-Brainstorming

Entscheiden Sie gemeinsam mit Ihrer Gruppe, ob Sie ein moderiertes Brainstorming betreiben wollen oder ein unmoderiertes. Beide Varianten bieten Ihnen in der Situation Ihres Auswahlverfahrens sowohl Vor- als auch Nachteile: So hat ein guter (von der Gruppe bestimmter!) Moderator beste Chancen, sich zu präsentieren. Bei einem schlechten kann unter Umständen das gesamte Thema, ja sogar die gesamte Gruppe leiden. Seien Sie sich im Klaren: Ist es vorgegeben, dass Sie mit der Gruppe ein Brainstorming durchführen sollen, so handelt es sich um einen weiteren Bestandteil des Auswahlverfahrens, bei dem es nicht auf Inhalte, sondern ganz besonders auf das »Wie« ankommt.

Bevor Sie nun mit dem Brainstorming starten, sollten Sie sich vorab kurz über die Regeln klar werden, so diese noch nicht allen bekannt sind:

- Alle Ideen sind ausnahmslos erlaubt und werden notiert.
- Ein Aufgreifen / Weiterentwickeln von Ideen ist zulässig.
- Es gibt *keine* Kommentare, Bemerkungen oder kritischen Äußerungen zu den Ideen.
- Der Zeitrahmen wird knapp bemessen (es soll genügend Zeit für anschließende Diskussionen sein und eine kurze Zeit fördert die Kreativität).

Wenn vorhanden, sollten die Ideen auf Metaplankarten notiert und anschließend an eine Pinnwand, ein Flipchart o. Ä. gepinnt werden, sodass sie für alle Teilnehmer (und Beobachter!) gut sichtbar sind. Bitte pinnen / übertragen Sie die Ergebnisse jedoch erst nach der Ideensammlung, da Sie ansonsten während der Findungsphase unnötig Zeit verlieren und die anderen Teilnehmer unter Umständen in Ihrer Kreativität bremsen.

Nachdem die von Ihnen dafür festgelegte Zeit abgelaufen ist, widmen Sie sich nun den Ideen. Versuchen Sie diese gemeinsam zu sortieren, zu gruppieren und anschließend zu bewerten. Welche Ideen sind realistisch oder könnten unter welchen Umständen realistisch werden? Wo liegen die einzelnen Vor- und Nachteile? Welche Auswirkungen hätten die Ideen auf das gestellte Problem? Würde dieses damit ganz, teilweise oder gar nicht gelöst werden?

Der Erfolg des Brainstormings ist wissenschaftlich umstritten. Oftmals kommt es in Gruppen beim Brainstorming eher zu einer Ideenhemmung als zu einer Vervielfältigung. Einzeln lassen sich jedoch nachweislich bessere Ergebnisse erzielen. Wie für alle anderen Techniken gilt auch hier, dass Sie sie vorab bereits mehrfach angewendet haben sollten, bevor Sie sie in einem Auswahlverfahren einsetzen.

Häufigste Fehler

- Die Zeit wird zu lange oder zu kurz bemessen.
- Ergebnisse werden nicht gesichert bzw. sind mangelhaft strukturiert.
- Man legt sich zu schnell auf eine Idee fest und nur diese wird weiterverfolgt.

Mindmap

Im Rahmen eines Auswahlverfahrens könnte es erforderlich sein, dass Sie zu einem ganz bestimmten Thema, vielleicht sogar zu einem, mit dem Sie sich noch gar nicht beschäftigt haben, Stellung beziehen sollen. Mindmap ist dabei eine Technik, die Ihnen behilflich sein kann, sich hierauf vorzubereiten.

Eine Mindmap können Sie sich wie einen Baum vorstellen: In der Mitte – also dem Stamm – steht das vorgegebene Thema, davon abzweigend gehen die Verästelungen aus, die zunehmend immer feiner werden. Theoretisch ist dieser Baum unendlich und die Verzweigungen werden immer feiner. Wann Sie aufhören wollen, bestimmen Sie. Im Gegensatz zum Brainstorming ist der Vorteil von Mindmaps, dass Ihnen die Begriffe sofort vorsortiert vorliegen. Dies spart Ihnen in der Bewerbungssituation wertvolle Zeit und gibt Ihnen einen Puffer, Schwerpunkte zu setzen und eine sinnvolle Gliederung vorzubereiten.

Schauen Sie sich zur Verdeutlichung ein Beispiel an. Vorgegeben ist das Thema:

Amokdrohungen an Schulen.
Zeigen Sie präventive Maßnahmen und deren mögliche Umsetzung auf.

In der Mitte steht das Thema »Amokdrohungen«, das damit den »Stamm« bildet. Hieraus entwickeln Sie die Verzweigungen. Wer/welche Institutionen sind bei Amokdrohungen eingebunden/betroffen? Notieren Sie pro Institution eine Verzweigung. Ihre Mindmap könnte nun z. B. so aussehen:

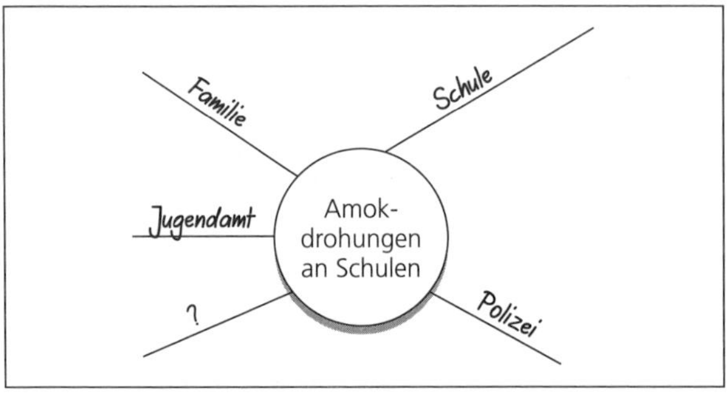

Ausgehend von den ersten Abzweigungen wie Schule, Polizei, Jugendamt usw. werden nun weitere Abzweigungen hinzugefügt. In unserem weiter ausgebauten Beispiel haben wir Möglichkeiten angefügt, was die Schule tun kann, um Amoktaten zu verhindern.

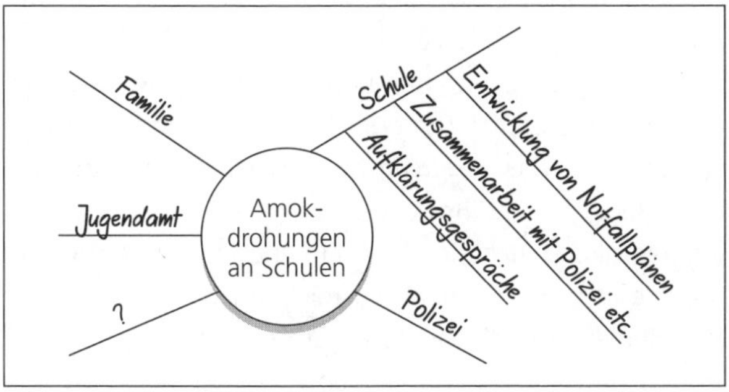

Unter der Rubrik »Schule« sind nun – im Beispiel nicht vollständig – die Maßnahmen aufgeführt, die eine Schule präventiv zur Verhinderung von Amoktaten durchführen kann. Dies könnten z. B. die Entwicklung von Notfallplänen sein, die Zusammenarbeit mit der Polizei, Gespräche/Sensibilisierung von Schülern usw. Ausgehend von diesen neu hinzugekommenen Abzweigungen können Sie anschließend noch feinere Untergliederungen vornehmen.

Haben Sie alle Punkte erfasst, trennen Sie die wichtigen von den unwichtigeren und setzen Sie Schwerpunkte. Worauf wollen Sie im Vortrag oder Ihrer gemeinsamen Diskussion Ihr Hauptaugenmerk legen? Sind alle Punkte gleich gewichtig oder gibt es welche, die Sie für besonders relevant erachten? An dieser Stelle können Sie die Mindmap um Zahlen ergänzen, die Ihnen eine Reihenfolge Ihres Vortrags vorgeben. Dies könnte in unserem Fall wie folgt aussehen:

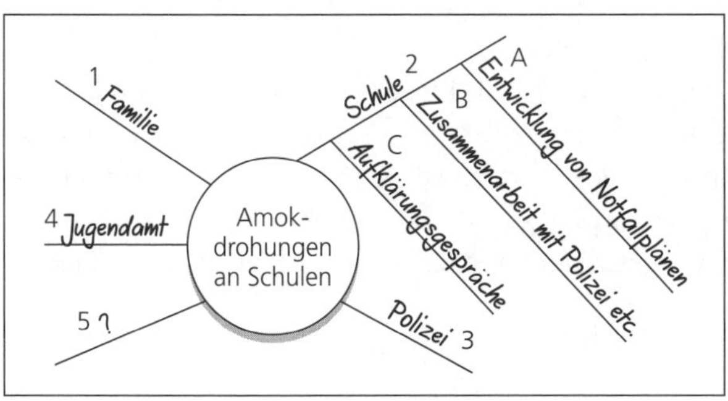

Wie in der vorigen Mindmap dargestellt, würden Sie in Ihrem Vortrag oder der Diskussionsrunde mit der Familie beginnen, danach die Schule ansprechen, die Polizei usw. Wenn Sie unsere Beispielkarte betrachten, werden Ihnen unter der 2 (Schule) die Buchstaben vor den weiteren Ästen auffallen: Hier haben wir eine weitere Unterteilung vorgenommen, d.h. die Reihenfolge festgelegt, welche Unterbegriffe wann angesprochen werden sollen.

Wenn das Zeitfenster für die Vorbereitung nahezu ausgeschöpft ist, raten wir Ihnen, nachdem Sie die Mindmap zu Ihrer Zufriedenheit erstellt und die Rangreihenfolge festgelegt haben, den Vortrag geistig durchzugehen und Ihre Map dabei als Hilfsmittel einzusetzen. Dies bedingt allerdings, dass Sie relativ sauber und übersichtlich geschrieben haben, um die Mindmap auch trotz eventuellem Prüfungsstress sicher zu nutzen. Haben Sie noch ausreichend Vorbereitungszeit zur Verfügung und weitere Medien, wie z.B. Metaplankarten, gestellt bekommen, können Sie Ihre Gliederung auf diese Karten schreiben und diese sortiert im Vortrag verwenden. In diesem Fall schreiben Sie z.B. auf eine Karte den Begriff »Schule«, um diese später an die Metaplanwand zu pinnen. Wenn Sie eine zweite Karte mit »Schule« beschriften und darunter kleingeschrieben Ihre Unterpunkte anführen, können Sie diese wie ein Showmaster während des Vortrags in der Hand halten und als Hilfe für Ihre freie Rede nutzen. Ihre Zuhörer haben dann das Thema vor Augen und Sie haben die Möglichkeit, noch Ergänzungen an die Metaplanwand zu schreiben, und Ihre Karte in der Hand dient als Hilfestellung, falls es mal »hakt«. Einem flüssigen, strukturierten und spannenden Vortrag steht dann nichts mehr im Wege – und ganz parallel ist das Problem vieler gelöst, dass Sie während eines Vortrags nicht wissen, was sie mit Ihren Händen machen sollen. Mit einer Hand können Sie die Karten halten, mit der anderen einen Stift und die Ergänzungen an der Tafel vornehmen.

Häufigste Fehler

- Nach Erstellung der Mindmap werden die Ergebnisse nicht sinnvoll strukturiert.
- Die Zeiteinteilung zur Bearbeitung der Aufgabe ist mangelhaft – es wird zu viel Zeit für die Mindmap verwendet, sodass die anschließende Vorbereitung des Vortrags leidet oder ganz wegfällt.
- Das zentrale Thema wird nicht getroffen, die Inhalte gehen an der Aufgabenstellung vorbei.

Metaplan®

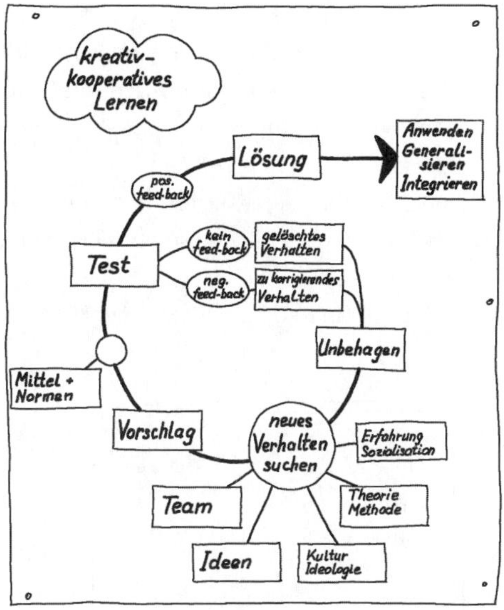

Metaplan ist eine sogenannte Pinnwandmoderation, mit der Gruppenergebnisse leicht visualisiert, sortiert und anschließend bewertet werden können. Zur Anwendung kommen hierbei verschiedenfarbige Karten, die von den Gruppenteilnehmern gemäß dem Thema beschriftet werden sollen. Anschließend werden diese eingesammelt und von einem Moderator an eine Pinnwand geheftet. Hierzu liest dieser die Karten vor und versucht im Idealfall bereits eine Sortierung nach Überbegriffen vorzunehmen. Zur Nutzung einer Metaplanarbeit stehen Ihnen zumeist sogenannte Medienkoffer zur Verfügung, die bereits alle notwendigen Materialien wie Stifte, verschiedenfarbige Karten, Pins, Papier(-rollen) etc. vorhalten.

Vorbereitung

Für eine Metaplanarbeit benötigen Sie verschiedene Materialien, die Ihnen im Rahmen eines Auswahlverfahrens hoffentlich in ausreichender Anzahl zur Verfügung gestellt werden. Sollte dies nicht der Fall sein, fragen Sie nach, ob die fehlenden Gegenstände verfügbar sind. Ist dies nicht der Fall, nutzen Sie die Chance für Extrapunkte und zeigen Sie sich kreativ!

Grundlage ist eine sogenannte Metaplanwand, die aus einem Filzmaterial als Untergrund besteht, auf dem Sie später die Karten anpinnen können. Zumeist ist sie mit braunem Pack- oder schlicht weißem linierten Papier bespannt. Der Vorteil bei einer papierbespannten Version liegt darin, dass Sie später noch Ergänzungen anschreiben oder die Karten durch Pfeile oder Symbole miteinander verbinden können. Weiter benötigen Sie …

- eine ausreichende Anzahl an Pins,
- verschiedenfarbige Karten (so können Sie z. B. Thema 1 in Gelb bearbeiten, anschließende Ergänzungen oder Fortführung in Rot usw.),
- dicke Filzstifte,
- eventuell ein Nadelkissen, das der Moderator am Handgelenk befestigen kann.

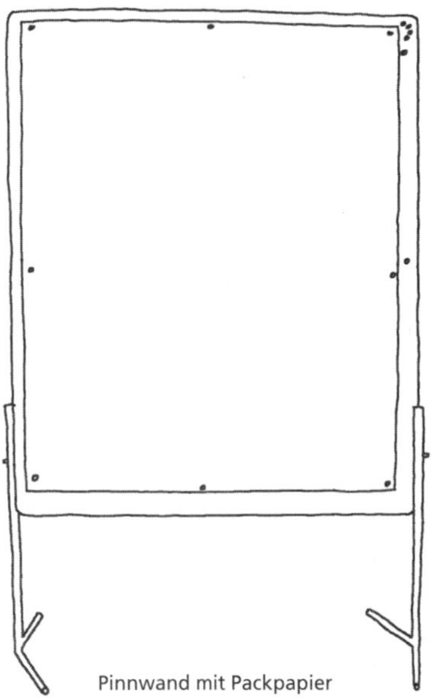

Pinnwand mit Packpapier

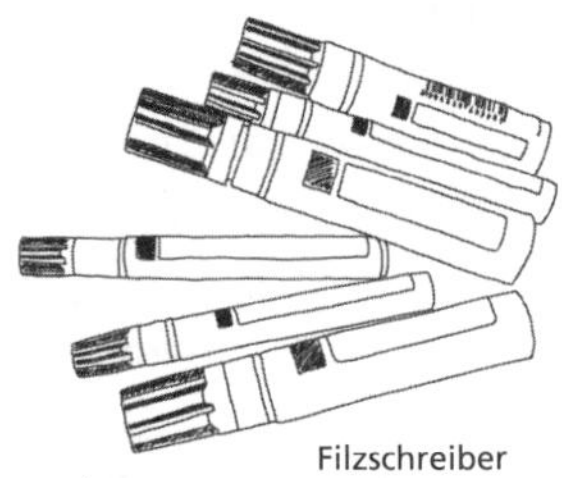

Filzschreiber

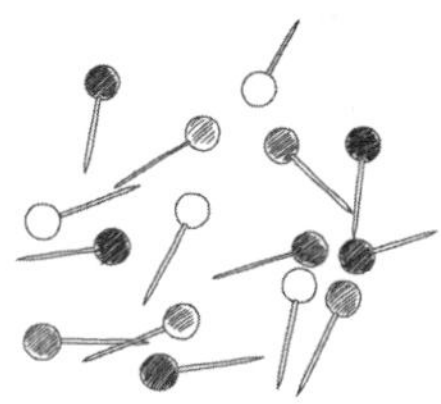

Pin-Nadeln

Nadelkissen

Klassische Metaplanarbeit

Ziel einer Metaplanarbeit ist es, Ideen (Problemlösungen), Fragen und Meinungen in einer Gruppe zu sammeln, ohne dass es zu gegenseitigen Behinderungen in der Kreativität kommt. Ähnlich wie beim Brainstorming (vgl. Seite 190) gelten die Regeln:

- Alle Ideen sind erlaubt.
- Ein Weiterentwickeln von Ideen ist zulässig.
- Sie machen sich um die Inhalte einer einzelnen Idee jetzt noch *keine* Gedanken (keine Relativierung / Kritik an der Idee zum jetzigen Zeitpunkt).
- Es gilt ein enger zeitlicher Rahmen für die Ideensammlung, der im sinnvollen Verhältnis zur gesamt zur Verfügung stehenden Bearbeitungszeit steht.

Eine Metaplanarbeit beginnt zunächst immer mit der Bekanntgabe der Fragestellung. Dies kann z. B. ein Sachverhalt sein, den Sie als Gruppe kreativ lösen sollen, oder aber auch eine These bzw. Antithese. Nutzen Sie zunächst die Zeit, um das Thema kurz (und noch nicht inhaltlich!) in der Gruppe zu erläutern und das weitere Vorgehen festzulegen, so dies nicht schon durch die Assessoren vorgegeben ist. Jedem Gruppenmitglied sollte die kommende Aufgabe klar sein.

Nachdem die Fragestellung geklärt und gegebenenfalls erörtert ist, sollte die Metaplanmethode kurz (!) vorgestellt werden, sodass auch über das weitere Verfahren Einigkeit besteht. Anschließend werden die Stifte und eine beliebige Anzahl Karten ausgeteilt. Nun schreibt jeder Teilnehmer seine Ideen, Meinungen oder Lösungsvorschläge auf die Karten. Diese werden, z. B. nach 10 Minuten, eingesammelt und anschließend an eine Pinnwand geheftet. Ein guter Moderator versucht dabei bereits die Karten nach Überschriften zu sortieren. Besonders gute Ideen sollten hierbei markiert werden – im Verlauf eines ACs werden Sie nicht die Zeit haben, alle Lösungsvorschläge dezidiert zu besprechen, sondern müssen sich auf die »Big Points« konzentrieren. Optional können Sie in diesem Zusammenhang auch nach Abschluss und Sortierung (z. B. drei) Klebepunkte austeilen und die Gruppe auffordern, diese auf die Karte(n) zu kleben, die Ihnen am wichtigsten erscheint (erscheinen). Dadurch lassen sich leicht Schwerpunkte definieren. Abschließend erfolgt eine Diskussion, in welche Richtung man weiter vorgehen will, Prozesse und Verantwortlichkeiten werden definiert und ein für alle verbindlicher Ablaufplan wird festgelegt.

Sollten Sie die Metaplanarbeit moderieren, verwenden Sie bei der Einführung der Teilnehmer in den kommenden Ablauf bitte niemals Beispiele zum vorgegebenen Gruppenthema, da Sie sonst Gefahr laufen, die Gruppe zu lenken und in ihrer Kreativität zu behindern.

Die Zuruffrage

Unter einer Zuruffrage versteht man bei der Metaplanarbeit die Variante, dass die Fragestellung an eine Pinnwand geschrieben wird und die Ideen und Lösungsvorschläge durch die Teilnehmer dem Moderator zugerufen werden. Dieser schreibt die Punkte dann selbst auf die Metaplankarten und kann diese anschließend gleich sortiert oder zunächst noch unsortiert an die Tafel bringen. Der Vorteil bei dieser Methode liegt in einer Zeitersparnis und darin, dass lese- und schreibschwache Teilnehmer sich leichter beteiligen können. Der Nachteil liegt jedoch in einer nicht unerheblichen Kreativitätshemmung, sodass die Ideenvielfalt bei der klassischen Methode größer sein wird.

Ergebnissicherung

Das Problem bei der Anwendung einer Metaplanarbeit besteht zumeist in der Ergebnissicherung. In einem Auswahlverfahren reicht unter Umständen der Hinweis, dass nach Festlegung des kommenden Ablaufs die einzelnen Teilnehmer gemäß erarbeiteter oder vorgegebener Verantwortung für die weitere Abarbeitung zuständig sind. Grundsätzlich sollten jedoch die erstellten Skizzen, Karten und Muster idealerweise abfotografiert oder am Ende nochmals auf einem Blatt Papier abgeschrieben und dem Protokoll (vermutlich im Auswahlverfahren verzichtbar) beigefügt werden.

Häufigste Fehler

- Die Metaplanwand ist aufgrund ihres Standortes im Raum nicht für alle gut sichtbar.
- Der Moderator steht permanent vor der Metaplanwand und verdeckt die Sicht.
- Die Schrift auf der Metaplanwand ist zu klein oder anderweitig nicht lesbar.
- Es ist keine Verlaufsstruktur zu erkennen.
- Karten werden ständig umgesteckt, sodass der Überblick verloren geht.
- Die Metaplanwand wird vom Moderator nur als Medium genutzt, das Thema jedoch nicht diskutiert.
- Die Zeiteinteilung ist mangelhaft, sodass einzelne Themen/Bereiche zu kurz kommen.

Flipchart

Das Flipchart ist ein einfaches Hilfsmittel, mit dem man während einer Präsentation bzw. eines Vortrags Dinge auch optisch festhalten und/oder grafisch darstellen sowie vereinfachen kann. Ein Flipchart besteht gewöhnlich aus einem Metallständer mit einer Klemmfunktion, an der zumeist karierte Papierblätter befestigt sind. Hierauf können Sie mit einem dickeren Filzmarker in gut lesbarer Schrift Stichworte oder auch ganze Sätze notieren, die während Ihres Vortrags dauerhaft sichtbar sein sollen. Ist eine Seite voll, so kann diese am oberen Rand abgetrennt und mittels Klebeband oder – besser – Magneten an Metallschienen befestigt werden. Im Laufe einer Diskussion kann sich so ein komplettes Verlaufsprotokoll ergeben.

Häufigste Fehler

- Das Flipchart ist aufgrund seines Standortes im Raum nicht für alle gut sichtbar.
- Der Moderator steht permanent vor dem Flipchart und verdeckt die Sicht.
- Die Schrift auf dem Flipchart ist zu klein oder anderweitig nicht lesbar.
- Es ist keine (Verlaufs-)Struktur zu erkennen.

Folienpräsentationen / Overheadprojektoren

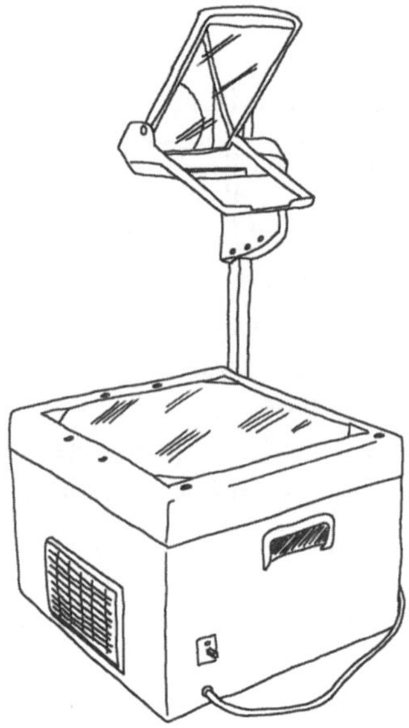

Ein Overheadprojektor, auch Tageslichtschreiber genannt, ist zwischenzeitlich in den meisten Firmen und Behörden und von der Nutzung her betrachtet auf dem Rückzug. Dennoch sollten Sie in der Lage sein, falls Ihnen dieses Medium zur Verfügung gestellt wird, sicher damit umzugehen.

Overheadprojektoren arbeiten ähnlich wie ein Diaprojektor, indem sie ein Bild über eine Lichtquelle und mehrere Spiegel an einer Wand abbilden. Entweder bekommen Sie spezielle Folien gestellt oder es befindet sich eine Folienrolle an dem Gerät, auf der Sie Ihre Stichpunkte notieren oder Grafiken erstellen können. Beachten Sie, dass Sie die richtigen Stifte benutzen, da herkömmliche Filzschreiber auf den Folien schnell verschmieren. Haben Sie eine gewisse Vorbereitungszeit, so können Sie die Folie komplett fertig erstellen und anschließend mit einem Blatt Papier Teile ab- und nach und nach – je nach Dramaturgie – aufdecken. Professioneller wirkt es jedoch, wenn Sie Ihre Stichpunkte im Kopf haben und diese, je nach Stand in Ihrem Vortrag, zur Unterstützung des gesprochenen Wortes aufschreiben. Haben Sie sich verschrieben, so können Sie die Schrift mit einem feuchten Tuch leicht wieder entfernen.

Häufigste Fehler

- Das Overheadbild ist aufgrund seines Standortes im Raum nicht für alle gut sichtbar.
- Der Raum ist zu hell, sodass das Bild nicht gut sichtbar ist.
- Der Moderator steht permanent vor dem Bild und verdeckt die Sicht.
- Die Schrift ist zu klein oder anderweitig nicht lesbar.
- Falsch geschriebene Dinge werden unsauber durchgestrichen oder mit Spucke und Fingerwischen entfernt.
- Sind mehrere Folien bereits vorbereitet, »springt« der Vortragende zwischen den einzelnen Folien hin und her.

PowerPoint®- / Beamer-Präsentationen

PowerPoint®-Präsentationen sind, richtig vorbereitet und eingesetzt, ein sehr probates Mittel, einen Vortrag anschaulich und spannend zu gestalten.

Gestaltung

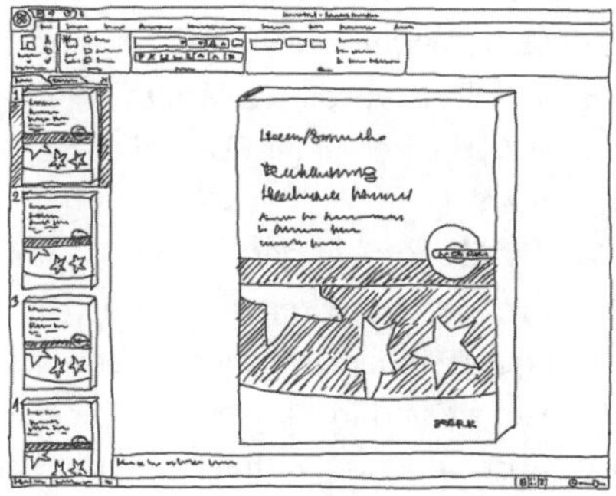

Gestalten Sie entsprechend der Erwartungen der Zielgruppe eine kompetente und gleichzeitig unaufdringliche Präsentation. Ein besonderer Kniff kann die Verwendung der Hausfarben oder des Firmenlogos sein, das Sie dezent in Ihre Präsentation einbauen. Stellen Sie auch die richtige Präsentationsdauer pro Folie ein und testen Sie die Zeiteinstellungen automatisierter Folienübergänge im Freundeskreis.

Zeigen Sie sich kompetent im Umgang mit PowerPoint, ohne dabei den Bogen zu überspannen. Stellen Sie technische Spielereien nicht zwanghaft in den Vordergrund, denn nicht alles, was technisch machbar ist, muss auch wirklich zu Ihrer Präsentation passen. Benutzen Sie nur die Animationen, Grafikeffekte oder Soundoptionen, die Ihre Botschaft unterstützen und diese nicht gnadenlos überdecken. Viel wichtiger ist eine fesselnde Dramaturgie – ein überraschender Start, der in einen spannenden Mittelteil übergeht und Ihre Präsentation mit einem fulminanten Paukenschlag enden lässt. Zugegeben, das alles ist leichter gesagt als getan! *Unser Tipp:* Überprüfen Sie immer wieder, ob eine Animation, ein Sound oder ein Video an genau dieser Stelle sein muss. Weniger ist mehr und eine Animation zu einem ganz besonderen Punkt wird diesen viel deutlicher darstellen, als wenn jeder Buchstabe auf allen Ihren Folien einzeln »einfliegt« und dazu von Schreibmaschinengeknatter untermalt wird.

Machen Sie sich bewusst, dass bei Bewerbungen im Design- und Grafikbereich sicherlich höhere Anforderungen an die gestalterischen und technischen Fähigkeiten gestellt werden als z. B. im medizinischen, juristischen oder kaufmännischen Bereich. Allgemein raten wir jedoch zur Verwendung vorinstallierter oder selbst erstellter Folienmaster. Diese gewährleisten, dass Text und Bilder immer einheitlich platziert werden und die Präsentation insgesamt ruhiger und »aufgeräumter« wirkt, als wenn Sie selbst jede Folie neu auf Augenmaß anordnen.

Format und Umfang

Eine Präsentation in PowerPoint kann technisch »verpackt« beziehungsweise »eingepackt« werden, sodass der Empfänger nicht unbedingt das entsprechende Office-Programm der Firma Microsoft benötigt. Hier gilt es, bei Bedarf Expertenrat einzuholen, um auch wirklich alle sinnvollen Möglichkeiten von PowerPoint zu nutzen. Ein Versand Ihrer Präsentation per E-Mail darf nicht die üblichen Größen von etwa 3 bis 5 Megabyte überschreiten. Ist Ihre Präsentation aufgrund integrierter Bilder o. Ä. größer, versuchen Sie, die Datei zu komprimieren, oder fragen Sie den/die Empfänger, wie viel MB Sie ihnen per E-Mail zukommen lassen können. 10 MB gelten als absolutes Maximum! Gegebenenfalls sollten Sie den Versand oder das Mitbringen einer CD/DVD bzw. eines vorbereiteten USB-Sticks in Erwägung ziehen.

Werden Sie aufgefordert, eine Präsentation zu Hause zu erstellen, so fragen Sie nach dem erwarteten Umfang, den man Ihnen üblicherweise in der für den Vortrag zur Verfügung stehenden Zeit angeben wird. Auch hier ist weniger mehr: 30 Minuten Sprechzeit sind in der Regel 10 bis maximal 15 Folien – inklusive Begrüßung und Verabschiedung. Ein hochrangiger Personalentwickler sagte uns auf Nachfrage, wie er sich eine Präsentation vorstelle: »Geben Sie mir eine Management-Version.« Übersetzt heißt das, dass Sie in Ihrem Vortrag auf den Punkt kommen müssen und keine Zeit für langatmige Nebensachen bleibt.

Häufigste Fehler

- Die Präsentation ist nicht kompatibel mit den beim AC verwendeten Programmen.
- Die Präsentation beinhaltet zu viele Folien, enthält keine Dramaturgie und besticht nur durch bunte Farben, nervende Geräusche und überflüssige Animationen.
- Der Vorführende hat kein angemessenes Präsentationstempo.
- Der Vorführende »springt« durch die Folien, z. B. von Seite 15 zu 31, über 18 zurück zu 15.
- Die Zeiteinteilung für die Präsentation ist mangelhaft und nicht mit den Inhalten abgestimmt.
- Die Präsentation trifft das vorgegebene Thema nicht.
- Die Sicht auf die Präsentation ist durch den Redner oder andere Gegenstände (z. B. Overheadprojektor) eingeschränkt.
- Auf den Folien ist zu viel Text (nur Stichpunkte!).

Handouts und analoge Druckmedien

Je nach angestrebter Position kann es vorkommen, dass man Ihnen bereits im Vorfeld ein Thema mitteilt, auf welches Sie sich vorbereiten sollen. Oftmals ist dies mit der Aufforderung verbunden, beim eigentlichen Eignungs- und Auswahlverfahren eine kleine Präsentation für die anderen Teilnehmer und die beobachtenden Auswähler (Assessoren) zu halten.

Wollen Sie die Möglichkeiten aus den vorangegangenen Kapiteln noch verfeinern und Ihren Eindruck bei den Assessoren schärfen, so können Sie es in Erwägung ziehen, neben einer Präsentation auch einmal völlig anders vorzugehen. Wenn Sie nicht explizit zur Vorbereitung einer reinen PowerPoint-Präsentation o. Ä. aufgefordert werden, können Sie auch als Ergänzung ein Handout zu Ihrem Thema erstellen, das Sie perfekt gelayoutet und in ausreichender Anzahl für alle Teilnehmer und Personalentwickler verteilen können. (Handouts sind streng aus dem Englischen übersetzt Almosen, wenngleich sich dieser Begriff für ausgegebene Unterlagen umgangssprachlich durchgesetzt hat. Im deutschsprachigen Raum wird auch manchmal der Begriff » Paper « genutzt.)

Achten Sie dabei besonders auf folgende Punkte:

- Wenn vorhanden und möglich, nutzen Sie das Corporate Design der Organisation, bei der Sie sich beworben haben. Wenn Sie nett anfragen, werden Ihnen Ihre Ansprechpartner in der Personalabteilung bzw. in der Pressestelle sicher gerne (Materialien und) Farbwerte zur Verfügung stellen. Fragen Sie nach bereits vorhandenen Folienmastern, Handout-, Beschluss- oder sonstigen Vorlagen, die Sie verwenden können / wollen.
- Erfragen Sie, wie viele Teilnehmer für Ihre Präsentation bzw. Ihren Vortrag erwartet werden. Halten Sie eine ausreichende Anzahl an Kopien bereit – für andere Teilnehmer, die Personalentwickler und sich selbst.
- Layouten Sie Ihre Papiere übersichtlich, klar strukturiert und pointiert. Setzen Sie so viel Farbe wie nötig ein, ohne zu belasten. Reduzieren Sie die Informationen auf das Wesentliche und vermeiden Sie Ausschweifungen und endlose Tabellen- / Zahlenkolonnen.
- Nutzen Sie je nach Anlass festeres oder normales Papier. Die Ausgaben sollten in guter Qualität gedruckt sein und schon beim ersten Eindruck »gut in der Hand liegen«. Wecken Sie das Interesse der Prüfer!
- Beachten Sie, dass ein Handout niemals (!) alleine stehen darf! Nutzen Sie Handouts zur Unterstützung bei Präsentationen, Besprechungsvorlagen und am Flipchart. Überlegen Sie sich, ob und wie Sie Ihren Vortrag strukturieren, und wann Sie ein Handout einsetzen wollen. Hilfreich ist auch die Frage, war-

um Sie ein Handout einsetzen wollen und an welcher Stelle im Vortrag. Hierauf brauchen Sie eine gute Antwort – und überzeugen dann auch im Verfahren.

- Prüfen Sie, ob es zu Ihrem Thema schon Meinungen in der Wunschfirma / Behörde / Organisation gibt und welche Beschlussvorlagen verwendet werden. Oftmals bietet es sich für Beschlussvorlagen oder als Einstieg in eine Gruppendiskussion an, in der Reihenfolge »Problem, Lösung, Alternativen, finanzielle und personelle Auswirkungen, Öffentlichkeitsarbeit, Beteiligung und Abstimmung, Beschlussvorschlag« vorzugehen. Prüfen Sie, welche von den vorgeschlagenen Überschriften für Ihr Thema passen, welche ergänzt werden müssen und welche zu viel sind.

Häufigste Fehler

- Das Handout wird nur als Mittel zum Zweck eingesetzt, ist aber eigentlich überflüssig.
- Die Informationen im Handout sind nicht klar strukturiert, es sind zu viele oder zu wenige. Der »rote Faden« ist im Handout und in der Präsentation nicht erkennbar.
- Grafik und Design sind (komplett) konträr zum Corporate Design der Behörde.
- Das Handout wird in der Präsentation ausgeteilt, darauf aber nicht eingegangen bzw. nur so kurz, dass man es auch hätte weglassen können.
- Die in dem Handout dargebotenen Informationen sind falsch, umgangssprachlich formuliert oder wissenschaftlich nicht fundiert (»populistische Meinungen«).

Quantität und Qualität

In den vorhergehenden Kapiteln haben wir Ihnen bereits »Dos« und »Don'ts« für verschiedene Inhalte eines Auswahlverfahrens genannt. An dieser Stelle folgen noch ein paar Hinweise zur Quantität und Qualität Ihres Medieneinsatzes.

Wenn Sie Medien bereits zu Hause vorbereiten können, achten Sie darauf, möglichst das Corporate Design der Organisation zu nutzen, bei der Sie sich bewerben. Sämtliche Dokumente und Grafiken sollten in einem Standard verfasst sein, der der angestrebten Position entspricht. Achten Sie auf ein klares, übersichtliches Design. Stellen Sie den Inhalt in den Vordergrund, nicht (nur) die Form. Tabellen und Zahlen sollten auf einen Blick übersichtlich und begreifbar sein. Fremdwörter mögen bei dem einen oder anderen intelligent wirken, sollten aber wohldosiert und üblich sein. Niemand der Anwesenden wird es positiv beurteilen, wenn er erst ein Lexikon bemühen muss, um Ihre Botschaft zu verstehen.

Wenn Sie fremde Fotos oder Grafiken nutzen, geben Sie immer die Quelle mit an. Achten Sie auf eine angemessene Auflösung und Dateigröße. Alles muss im Verhältnis zueinander passen. Die Dateigröße ist insbesondere zu beachten, wenn die Medien vorab per E-Mail versandt werden müssen. Üblich sind 3 bis 5 MB, 10 MB gelten zurzeit als Maximum. Exotische Dateiformate sollten Sie generell vermeiden. Nutzen Sie gängige Dateiendungen wie *.pdf für Adobe Acrobat Dokumente oder *.jpg bei Bildformaten. Bei Word (*.doc bzw. *.docx) und PowerPoint (*.ppt, *.pptx) Dateien sollten Sie vorab fragen, welche Versionen Sie nutzen können. Das »x« am Dateiende kennzeichnet die zurzeit neuesten Formate.

Formulieren Sie Ihre Aussagen so prägnant wie möglich. Bewusste Provokationen sollten auch als solche dargestellt werden. Wenn Sie sich für eine Position im Management bewerben, wird man von Ihnen erwarten, dass Sie ohne Umschweife auf den Punkt kommen. Weniger ist häufig mehr! Bei besonders heiklen Themen kann es sinnvoll sein, bewusst nur Stichworte einzusetzen, um sich selbst nicht angreifbar zu machen. Setzen Sie in einem solchen Fall bewusst mehr auf wissenschaftlich belegbare Aussagen und arbeiten Sie die unterschiedlichen Argumente zielgerichtet heraus. Qualität geht immer vor Quantität!

Räumliches Vorstellungsvermögen

… scheint nicht jedem in die Wiege gelegt worden zu sein. Also besser ein bisschen üben, denn Testanwender halten viel von guten Ergebnissen auf diesem Gebiet und glauben vielleicht immer noch, Frauen könnten schlechter einparken als Männer, was auch schon mal bewiesen worden sein soll … nun ja, es gibt für so viele merkwürdige Dinge Untersuchungen, die angeführt werden können. Durch Übung können Sie Ihre Ergebnisse auch auf diesem Gebiet steigern.

Würfelrotation I

Bei diesem Test wird Ihr dreidimensionales Vorstellungsvermögen getestet. Sie bekommen einen aufgefalteten Würfel gezeigt und sollen aus fünf möglichen Lösungswürfeln den richtigen aus der Aufgabenstellung wiedererkennen. Dabei müssen Sie beachten, dass die Augenanordnung auf den Würfeln nicht der Anordnung auf den Ihnen bekannten Spielwürfeln entspricht und auch Abwandlungen mit mehr als sechs Augen und anderer Augenanordnung möglich sind.

1. Aufgabe

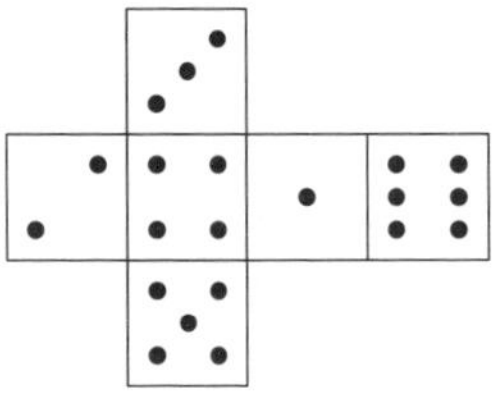

a b c d e

2. Aufgabe

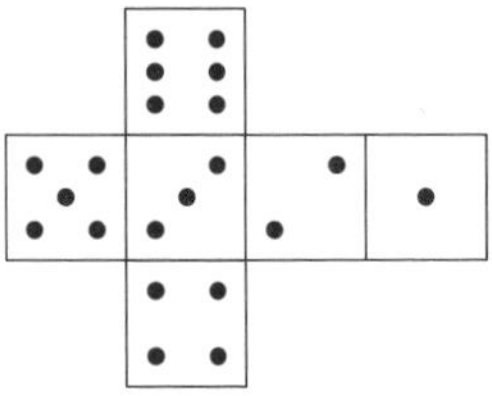

a b c d e

3. Aufgabe

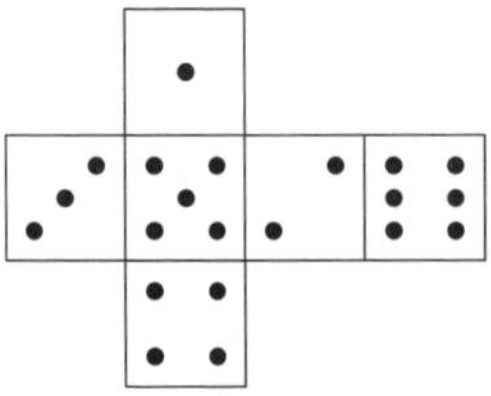

a b c d e

Lösungen

1. Aufgabe a

Liegt die 6 vorne und die 3 oben, muss rechts die 2 sichtbar sein. → Lösung a ist richtig.

Gegenproben: Liegt die 3 vorne und die 6 oben, muss rechts die 1 sichtbar sein. → Lösung b scheidet aus. Liegt die 5 vorne und die 4 oben, muss rechts die 1 sichtbar sein. → Lösung c scheidet aus. Liegt die 4 vorne und die 5 oben, muss rechts die 2 sichtbar sein. → Lösung d scheidet aus. Liegt die 2 vorne, kann die 1 nicht oben sichtbar sein, da diese beiden einander gegenüberliegen. → Lösung e scheidet aus.

2. Aufgabe c

Liegt die 4 vorne und die 3 oben, muss rechts die 2 sichtbar sein. → Lösung c ist richtig.

Gegenproben: Liegt die 5 vorne und die 6 oben, muss rechts die 3 sichtbar sein. → Lösung a scheidet aus. Liegt die 2 vorne, kann die 5 nicht sichtbar sein, da die 2 und die 5 einander gegenüberliegen. → Lösung b scheidet aus. Liegt die 6 vorne und die 2 oben, muss rechts die 3 sichtbar sein. → Lösung d scheidet aus. Liegt die 3 vorne, kann die 1 nicht sichtbar sein, da die 3 und die 1 einander gegenüberliegen. → Lösung e scheidet aus.

3. Aufgabe b

Liegt die 3 vorne und die 1 oben, muss rechts die 5 sichtbar sein. → Lösung b ist richtig.

Gegenproben: Liegt die 2 vorne und die 6 oben, muss rechts die 4 sichtbar sein. → Lösung a scheidet aus. Liegt die 4 vorne und die 5 oben, muss rechts die 2 sichtbar sein. → Lösung c scheidet aus. Liegt die 6 vorne und die 3 oben, muss rechts die 4 sichtbar sein. → Lösung d scheidet aus. Liegt die 5 vorne und die 2 oben, muss rechts die 4 sichtbar sein. → Lösung e scheidet aus.

4. Aufgabe

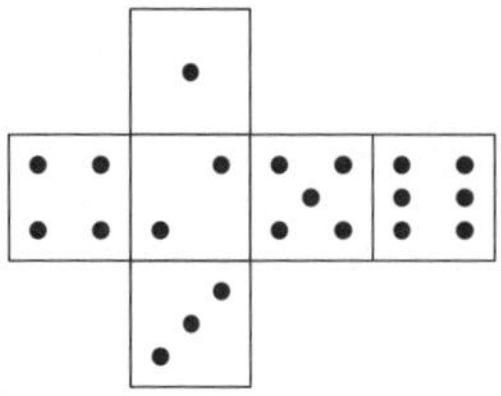

a b c d e

5. Aufgabe

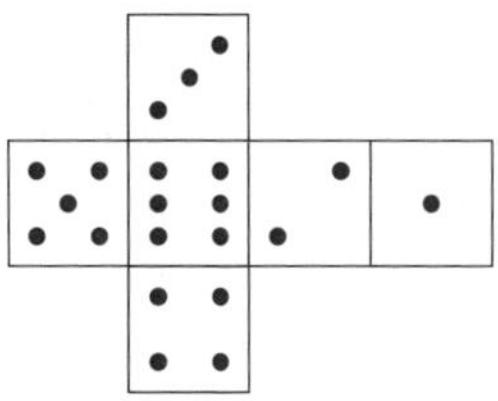

a b c d e

6. Aufgabe

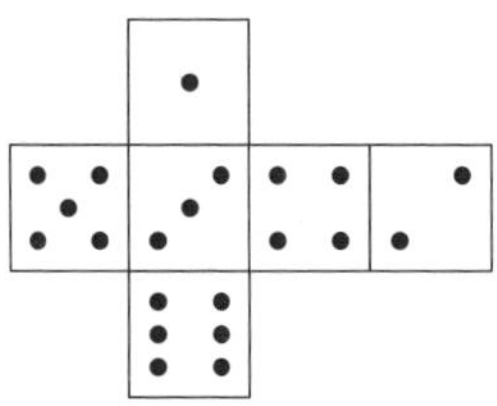

a b c d e

7. Aufgabe

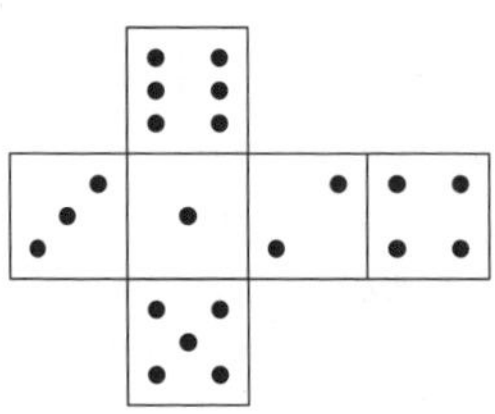

a b c d e

4. Aufgabe e

Liegt die 2 vorne und die 3 oben, muss rechts die 4 sichtbar sein. → Lösung e ist richtig.

Gegenproben: Liegt die 5 vorne und die 2 oben, muss rechts die 1 sichtbar sein. → Lösung a scheidet aus. Liegt die 3 vorne und die 4 oben, muss rechts die 2 sichtbar sein. → Lösung b scheidet aus. Liegt die 4 vorne und die 6 oben, muss rechts die 1 sichtbar sein. → Lösung c scheidet aus. Liegt die 6 vorne, kann die 2 nicht sichtbar sein, da die 6 und die 2 einander gegenüberliegen. → Lösung d scheidet aus.

5. Aufgabe e

Liegt die 4 vorne und die 2 oben, muss rechts die 1 sichtbar sein. → Lösung e ist richtig.

Gegenproben: Liegt die 2 vorne und die 4 oben, muss rechts die 6 sichtbar sein. → Lösung a scheidet aus. Liegt die 5 vorne und die 1 oben, muss rechts die 3 sichtbar sein. → Lösung b scheidet aus. Liegt die 3 vorne und die 6 oben, muss rechts die 5 sichtbar sein. → Lösung c scheidet aus. Liegt die 6 vorne und die 3 oben, muss rechts die 2 sichtbar sein. → Lösung d scheidet aus.

6. Aufgabe d

Liegt die 6 vorne und die 2 oben, muss rechts die 5 sichtbar sein. → Lösung d ist somit richtig.

Gegenproben: Liegt die 2 vorne, kann die 3 nicht sichtbar sein, da die 2 und die 3 einander gegenüberliegen. → Lösung a scheidet aus. Liegt die 1 vorne, kann die 6 nicht sichtbar sein, da die 1 und die 6 einander gegenüberliegen. → Lösung b scheidet aus. Liegt die 4 vorne und die 1 oben, muss rechts die 2 sichtbar sein. → Lösung c scheidet aus. Liegt die 5 vorne, kann die 4 nicht sichtbar sein, da die 5 und die 4 einander gegenüberliegen. → Lösung e scheidet aus.

7. Aufgabe a

Liegt die 4 vorne und die 6 oben, muss rechts die 3 sichtbar sein. → Lösung a ist richtig.

Gegenproben: Liegt die 6 vorne und die 4 oben, muss rechts die 2 sichtbar sein. → Lösung b scheidet aus. Liegt die 5 vorne und die 3 oben, muss rechts die 1 sichtbar sein. → Lösung c scheidet aus. Liegt die 2 vorne und die 5 oben, muss rechts die 1 sichtbar sein. → Lösung d scheidet aus. Liegt die 1 vorne und die 2 oben, muss rechts die 5 sichtbar sein. → Lösung e scheidet aus.

8. Aufgabe

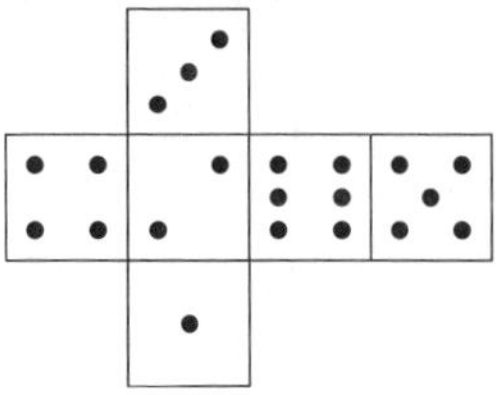

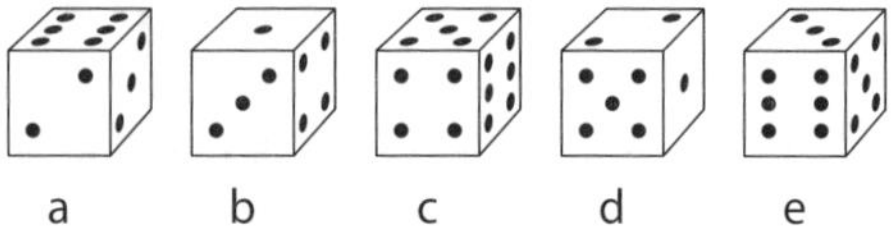

9. Aufgabe

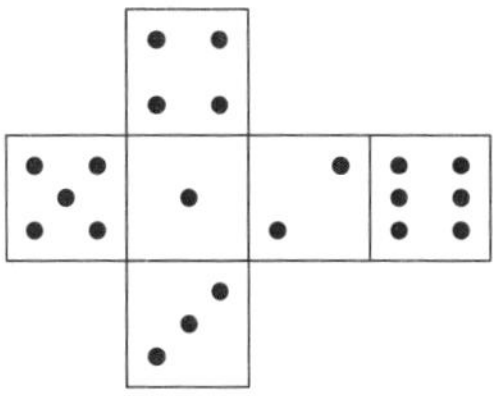

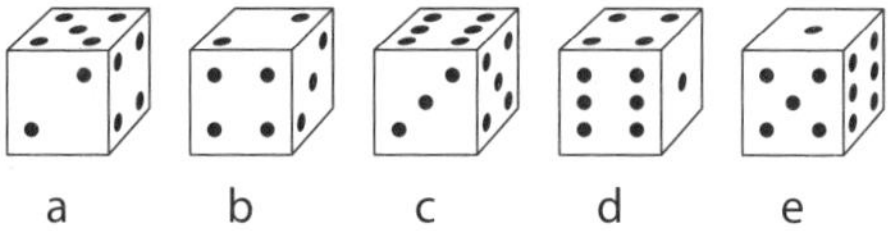

Bearbeitungstipps
Solche Tests lassen sich zu Hause relativ leicht trainieren, und Sie werden merken, dass Sie meist schnell sichtbare Fortschritte machen.
Als Bearbeitungshilfen empfehlen wir, folgende Tipps zu beachten:

Bei allen Tests zur dreidimensionalen Fähigkeit sollten Sie nach der Ausschluss-Methode vorgehen, d. h., eliminieren Sie zuerst alle angebotenen Lösungen, die auf keinen Fall zutreffen können. In diesem Aufgabenbeispiel der Würfelrotation sollten Sie also schauen, welche von den gezeigten Augen nebeneinanderliegen müssen

8. Aufgabe e

Liegt die 6 vorne und die 3 oben, muss rechts die 5 sichtbar sein. → Lösung e ist richtig.

Gegenproben: Liegt die 2 vorne und die 6 oben, muss rechts die 1 sichtbar sein. → Lösung a scheidet aus. Liegt die 3 vorne, kann die 1 nicht sichtbar sein, da die 3 und die 1 einander gegenüberliegen → Lösung b scheidet aus. Liegt die 4 vorne und die 5 oben, muss rechts die 3 sichtbar sein. → Lösung c scheidet aus. Liegt die 5 vorne kann die 2 nicht sichtbar sein, da die 5 und die 2 einander gegenüberliegen. → Lösung d scheidet aus.

9. Aufgabe c

Liegt die 3 vorne und die 6 oben, muss rechts die 5 sichtbar sein. → Lösung c ist richtig.

Gegenproben: Liegt die 2 vorne kann die 5 nicht sichtbar sein, da die 2 und die 5 einander gegenüberliegen. → Lösung a scheidet aus. Liegt die 4 vorne und die 2 oben, muss rechts die 1 sichtbar sein. → Lösung b scheidet aus. Liegt die 6 vorne und die 4 oben, muss rechts die 5 sichtbar sein. → Lösung d scheidet aus. Liegt die 5 vorne und die 1 oben, muss rechts die 3 sichtbar sein. → Lösung e scheidet aus.

bzw. auf keinen Fall nebeneinanderliegen können. Meist bleiben Ihnen dann statt fünf Lösungsmöglichkeiten nur noch zwei oder drei übrig.

Befreien Sie sich von der Vorstellung, dass die Würfelaugen so nebeneinanderliegen, wie Sie es von echten Spielwürfeln gewohnt sind. Schnell verfällt man in den Trott der Gewohnheit und macht Fehler, weil man Dinge so behandelt, wie es schon immer war.

Oft hilft es, wenn man sich zum Üben eine Abwicklungsvorlage erstellt und diese entsprechend den angebotenen Aufgaben beschriftet. So lassen sich alle Lösungen – auch die hier im Buch – besser nachvollziehen, und Ihr geistiges Auge gewöhnt sich daran, Dinge auch dreidimensional zu betrachten. Als Tipp empfiehlt es sich, eine Vorlage aus einer Klarsichtfolie zu erstellen, die Sie mit Folienmarkern immer wieder neu beschriften können.

Nutzen Sie die Übungsvorlagen – auch die hier im Buch. Es ist ein Leichtes, sich solche Aufgaben aus diesem oder anderen Büchern herauszukopieren und neue Aufgaben zu erstellen.

Würfelrotation II

Sie bekommen insgesamt sechs Würfel gezeigt, die Sie den sechs Ausgangswürfeln zuordnen sollen. Jeder Würfel hat entsprechend seinen sechs Seitenflächen auch sechs verschiedene Symbole, von denen Sie aber jeweils immer nur drei sehen können. Beachten Sie, dass die Würfel sowohl gedreht, gekippt als auch gedreht und gekippt werden können. Die Schwierigkeit besteht darin, dass Sie durch diese Würfelrotation auch ein neues Symbol sehen können, das in dem Ausgangswürfel noch nicht sichtbar war. Und: Auch wenn die Ausgangswürfel zum Teil die gleichen Symbole tragen, so handelt es sich doch um verschiedene Würfel! Nicht alle Ausgangswürfel müssen in den Suchwürfeln vorhanden sein.

Ordnen Sie nun die sechs Suchwürfel den Ausgangswürfeln zu.

Aufgabe

Ausgangswürfel

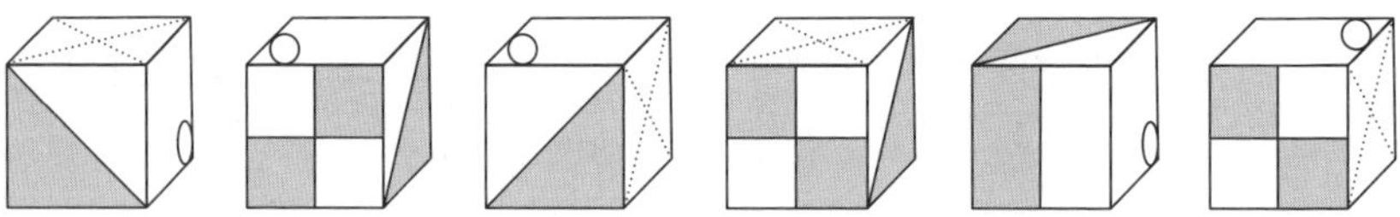

A B C D E F

Suchwürfel

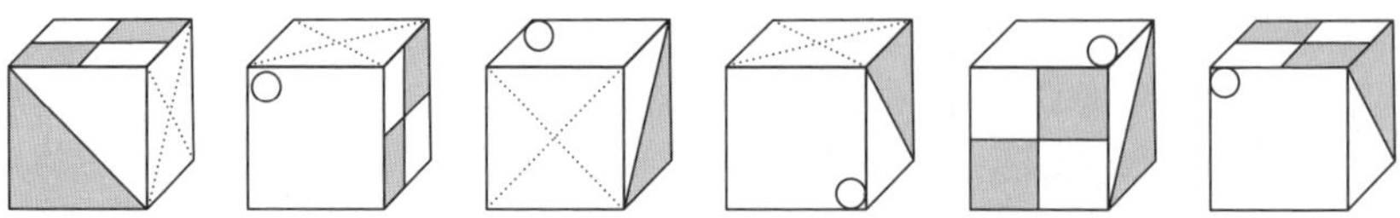

1 2 3 4 5 6

Lösungen

Suchwürfel 1 Ausgangswürfel D
Der Würfel wurde einmal nach hinten gekippt und eine Viertelumdrehung im Uhrzeigersinn gedreht.

Suchwürfel 2 Ausgangswürfel F
Der Würfel wurde eine Viertelumdrehung gegen den Uhrzeigersinn gedreht und einmal nach vorne gekippt.

Suchwürfel 3 Ausgangswürfel A
Der Würfel wurde einmal nach links gekippt und einmal gegen den Uhrzeigersinn gedreht.

Suchwürfel 4 Ausgangswürfel C
Der Würfel wurde einmal gegen den Uhrzeigersinn gedreht und einmal nach vorne gekippt.

Suchwürfel 5 Ausgangswürfel C
Der Würfel wurde einmal gegen den Uhrzeigersinn gedreht.

Suchwürfel 6 Ausgangswürfel A
Der Würfel wurde einmal gegen den Uhrzeigersinn gedreht und zweimal nach vorne gekippt.

Würfelrotation III

Beim Würfelvergleichstest wird erneut Ihr räumliches Vorstellungsvermögen getestet. Ihre Aufgabe ist es, aus mehreren angebotenen Würfeln denjenigen herauszusuchen, der identisch mit dem aus der Aufgabenstellung ist. Bitte beachten Sie dabei, dass jedes abgebildete Symbol nur einmal vorkommt.

1. Aufgabe

Ausgangswürfel

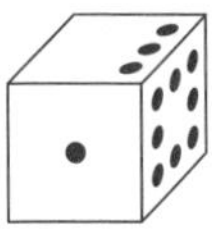

Suchwürfel

a b c d e

2. Aufgabe

Ausgangswürfel

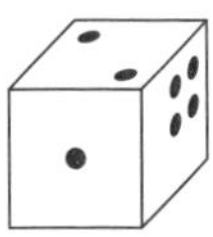

Suchwürfel

a b c d e

3. Aufgabe

Ausgangswürfel

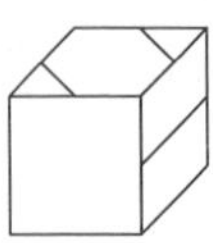

Suchwürfel

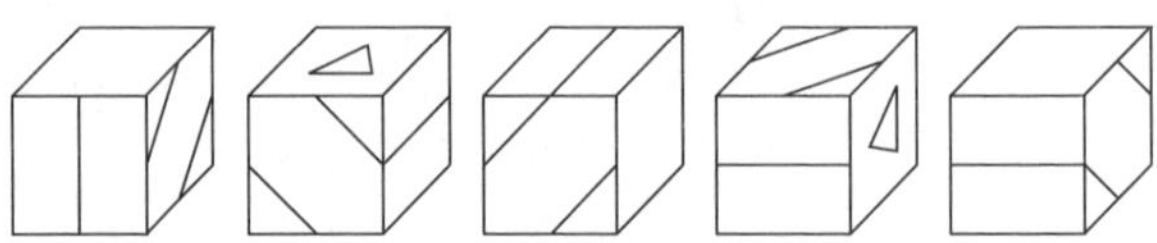

a b c d e

Lösungen

Zum besseren Verständnis der Erläuterungen teilen wir den Würfel in die sichtbaren Felder auf: vordere Ansicht, obere Ansicht und seitliche Ansicht.

1. Aufgabe e

Lösungswürfel a scheidet sehr schnell aus, da er fast identisch wie der Ausgangswürfel liegt, das obere Feld aber nicht passt. Bei Würfel b müssten die drei Punkte im Vorderteil im oberen Teil des Feldes liegen, nicht im unteren. Auch bei Würfel c sind es die drei Punkte, die zum Ausgangswürfel unterschiedlich sind. Hier ist das rechte Feld zwar korrekt abgebildet, jedoch müssten die drei Punkte vorne liegen und nicht hinten. Gleiches gilt für Würfel d, wo es nun das obere Feld ist, das nicht übereinstimmt. Einzig bei Würfel e stimmen alle Felder überein und liegen an der korrekten Stelle.

2. Aufgabe a

Würfel a ist die richtige Lösung. Bei Würfel b ist die Seitenansicht falsch dargestellt. Hier sind zwei Punkte abgebildet, wo nur einer korrekt wäre. Bei Lösung c können die vier Punkte auf der Vorderseite nicht in der unteren linken Ecke liegen, wenn der eine Punkt oben liegt. Korrekt wäre die rechte untere Ecke, sodass Würfel c auch falsch ist. Lösung d scheidet sehr schnell aus, da jedes Symbol nur einmal vorkommen darf, hier die 2 jedoch zweimal abgebildet ist. Und auch Würfel e ist falsch, denn wenn die 2 in der abgebildeten Lage vorne liegt, kann die 4 nicht oben und die 1 nicht an der Seite liegen.

3. Aufgabe d

Würfel a kommt als Lösung nicht infrage, da die Diagonalen auf der seitlichen Ansicht in die falsche Richtung verlaufen. Betrachten Sie bei Würfel b die vordere und die seitliche Ansicht. Wenn Sie sich nun den Ausgangswürfel ansehen, stellen Sie schnell fest, dass die lange Gerade und die beiden Diagonalen nie miteinander verbunden sein können. Somit müssen Würfel b, c und e falsch sein. Es bleibt als Lösung Würfel d.

4. Aufgabe

Ausgangswürfel

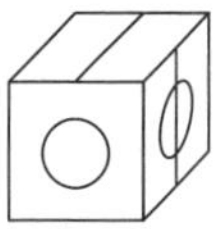

Suchwürfel

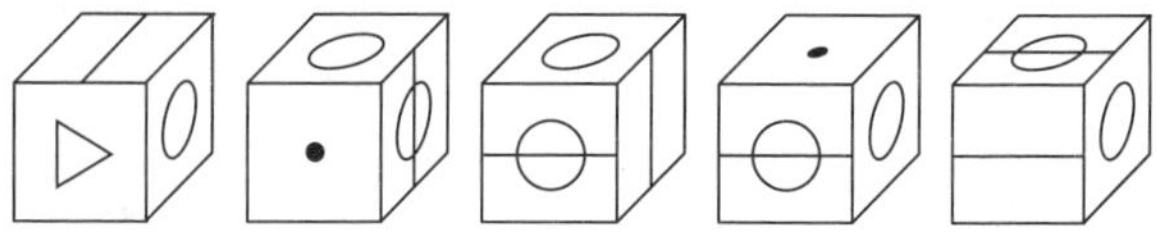

a b c d e

5. Aufgabe

Ausgangswürfel

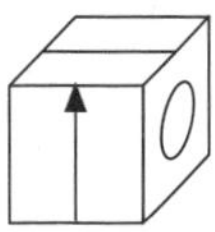

Suchwürfel

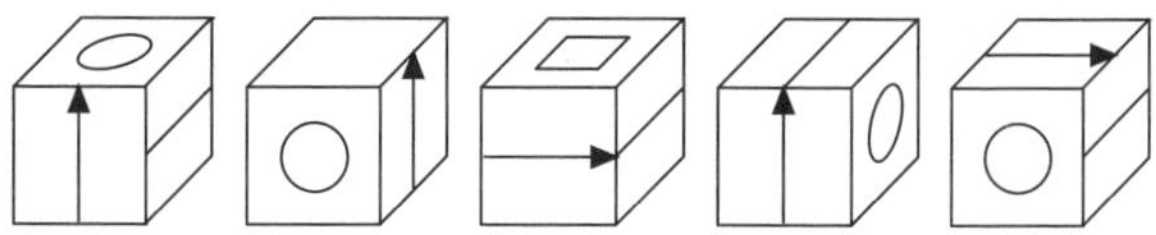

a b c d e

6. Aufgabe

Ausgangswürfel

Suchwürfel

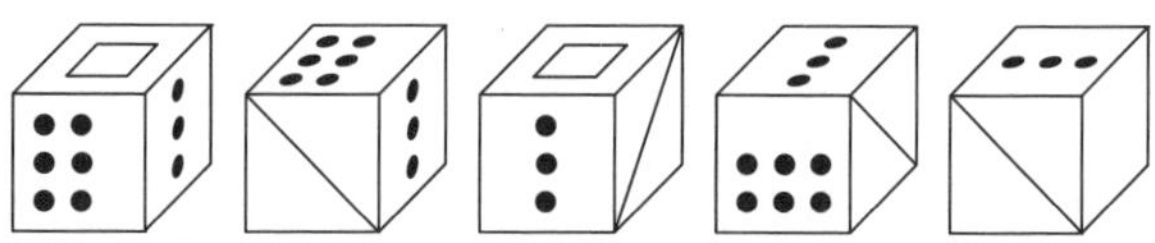

a b c d e

7. Aufgabe

Ausgangswürfel

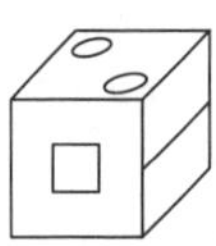

Suchwürfel

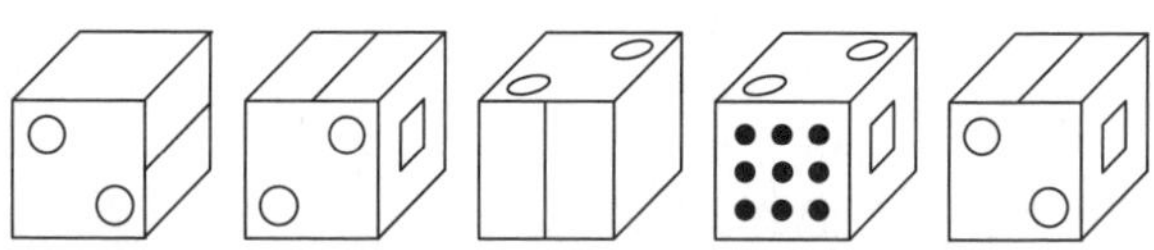

a b c d e

4. Aufgabe c

Würfel a scheidet aus, da der Strich auf der Oberseite von vorne nach hinten verläuft und nicht von links nach rechts. Bei Würfel b liegen die Oberseite und die rechte Seite grundsätzlich korrekt zueinander. Lediglich der Strich auf der Seitenansicht verläuft falsch, sodass auch dieser Würfel ausscheidet. Gleiches gilt auch für Würfel d, wo es wieder der waagerechte Strich ist, der falsch verläuft – was auch für Würfel e gilt. Es bleibt als richtige Lösung Würfel c.

5. Aufgabe e

Aufgabe 5 macht es uns sehr einfach, da wir es hier mit einem Pfeil als sehr markante Orientierungshilfe zu tun haben und dieser auch in einer bestimmten Richtung zum auf der Oberseite abgebildeten Strich steht. Wenn man sich daraufhin nun die Suchwürfel ansieht, stellt man schnell fest, dass die Würfel c und d von vornherein ausscheiden müssen. Auch Würfel a ist schnell bearbeitet: Der Pfeil kann niemals auf den Kreis zeigen, sodass auch dieser Würfel falsch ist. Ähnlich ist es bei Würfel b: Der Kreis muss laut Ausgangswürfel immer rechts vom Pfeil liegen, was er bei Würfel b allerdings nicht tut. Hier liegt er linksseitig, sodass auch dieser Würfel falsch und Würfel e die richtige Lösung sein muss.

6. Aufgabe b

Bei Würfel a ist die Seitenansicht falsch dargestellt – die drei Punkte müssten senkrecht stehen, sind aber waagerecht abgebildet. Auch bei Würfel c ist es die Seite, die erneut falsch ist, da die Diagonale in die falsche Richtung verläuft, was übrigens auch für Würfel d gilt. Bei Würfel e ist es dann die Vorderseite, die den Fehler aufweist: Wenn die drei Punkte wie auf der oberen Ansicht abgebildet sind, kann die Diagonale vorne nicht so verlaufen, wie sie dargestellt ist. Der richtige Würfel muss Würfel b sein.

7. Aufgabe d

Hier kann nur die Lösung d korrekt sein. Bei Würfel a müsste bei der seitlichen Ansicht der Strich in der Mitte von unten nach oben laufen, er läuft aber von vorne nach hinten. Würfel a ist somit nicht korrekt. Bei Würfel b haben wir die gleiche Situation. Auch bei Würfel c verläuft der Strich falsch, d. h. in der Vorderansicht senkrecht statt (korrekt) waagerecht. Auch Würfel e ist falsch: Sind die beiden Kreise vorne wie dort zu sehen, kann der gerade Strich nicht oben abgebildet sein. Somit bleibt Würfel d als einzig korrekte Lösung.

8. Aufgabe

Ausgangswürfel

Suchwürfel

a b c d e

9. Aufgabe

Ausgangswürfel

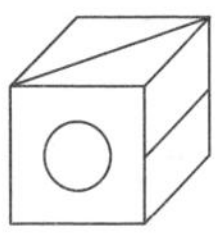

Suchwürfel

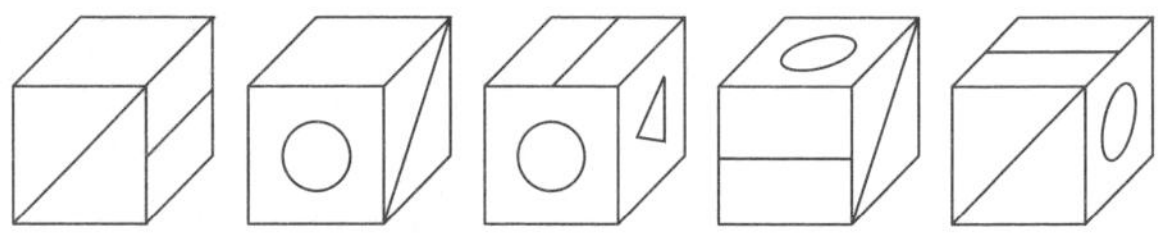

a b c d e

10. Aufgabe

Ausgangswürfel

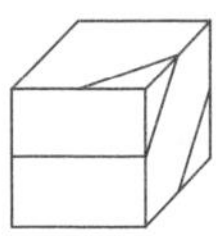

Suchwürfel

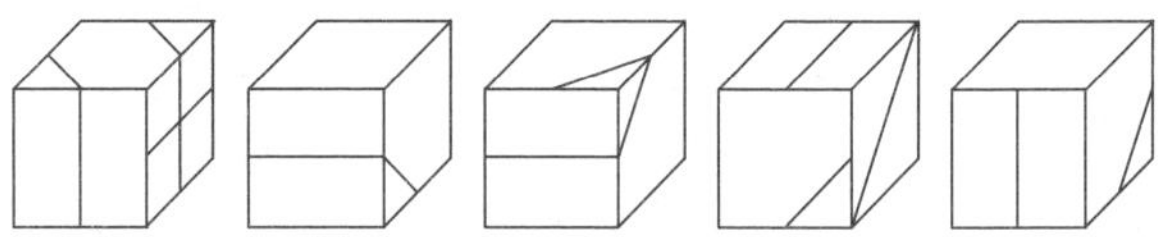

a b c d e

11. Aufgabe

Ausgangswürfel

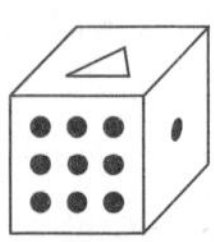

Suchwürfel

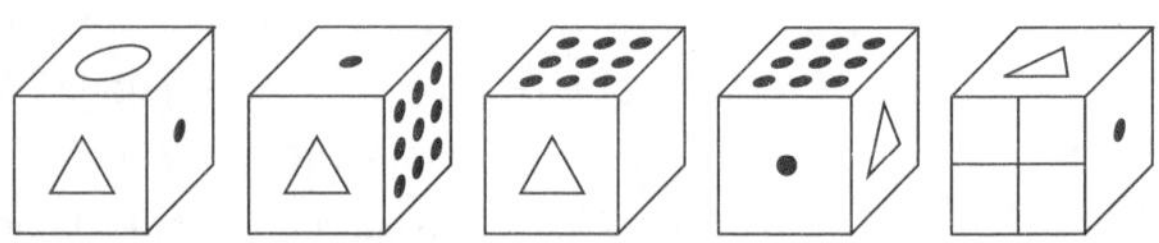

a b c d e

8. Aufgabe e

Bei Würfel a ist die Seitenansicht falsch dargestellt, was auch für Würfel b gilt. Bei Würfel c ist es die Oberseite, wo die zwei Punkte in die falsche Richtung verlaufen. Dies gilt auch für Würfel d. Einzig Würfel e ist korrekt dargestellt.

---

9. Aufgabe c

Bei Würfel a verläuft der Strich auf der Seite falsch, da er senkrecht sein müsste, aber waagerecht abgebildet wurde. Bei Würfel b müsste sich der Kreis oben befinden, wenn die seitliche Ansicht korrekt dargestellt ist. Dies ist bei Würfel d der Fall, wenngleich hier der Strich auf der Vorderseite senkrecht verlaufen müsste und nicht waagerecht. Bei Würfel e ist es dann wieder die Diagonale (auf der Vorderseite), die in die falsche Richtung verläuft. Somit bleibt nur Würfel c als richtige Lösung.

---

10. Aufgabe a

Bei dieser Aufgabe sollten Sie sich zunächst erst einmal wieder an der langen Geraden und deren Übergang zur kurzen Diagonalen orientieren. Bei Würfel b und d stimmen die Übergänge nicht, sodass diese beiden Würfel sofort ausscheiden. Würfel c sieht fast so aus wie der Ausgangswürfel, wobei aber eine kleine Diagonale auf der seitlichen Ansicht fehlt. Damit scheidet auch Lösung c aus. Kippen Sie Würfel e einmal nach links, so stellen Sie fest, dass hier die einzelne kleine Diagonale falsch liegt (Bitte beachten: Jedes Symbol darf nur einmal vorkommen!). Damit ist auch dieser Würfel falsch, und es bleibt Lösung a.

---

11. Aufgabe a

Bei Würfel b, c und d ist es die Spitze des Dreiecks, die jeweils falsch liegt und uns einen Hinweis auf die richtige Lösung gibt. Es bleiben also sehr schnell nur noch die Würfel a und e, die es genauer zu betrachten gilt. Bei Würfel e stimmen die obere und die seitliche Ansicht mit der vom Ausgangswürfel überein. Da die Vorderseite jedoch komplett anders ist, ist auch dieser Würfel falsch. Es bleibt Würfel a als richtige Lösung.

Bearbeitungstipps

Unserer Erfahrung nach haben viele Testteilnehmer Probleme damit, solche und andere Aufgaben des räumlichen Vorstellungsvermögens zu lösen. Die folgenden Tipps lassen sich sicherlich nicht in fünf Minuten verinnerlichen, jedoch werden Sie nach einer gründlichen Bearbeitung über eine Lösungsstrategie verfügen, die Ihnen helfen wird, solche Aufgaben systematisch und sinnvoll zu lösen.

Die Universität Düsseldorf hat sich einmal mit solchen Würfelaufgaben beschäftigt und dabei festgestellt, dass man einen großen Teil dieser Aufgaben auf verblüffend einfache Weise lösen kann: Bei den Ausgangswürfeln A bis F sehen Sie jeweils drei Flächen mit ihren Symbolen. Diese wiederholen sich auch auf den anderen Würfeln, dann jedoch in immer unterschiedlichen Konstellationen. Einfacher wird es, wenn man nun statt der Symbole Zahlen einsetzt. Dies wollen wir hier exemplarisch einmal tun:

Gestricheltes Kreuz:	1
Graue Quadrate:	4
Graues Dreieck:	2
Graues Rechteck:	5
Kreis:	3

Hier nun noch einmal die Ausgangswürfel:

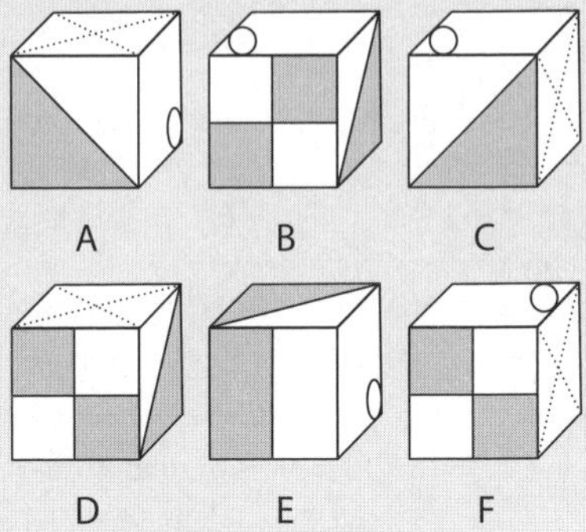

Unter den Suchwürfeln befinden sich nun drei verschiedene Würfeltypen. Diese sind:

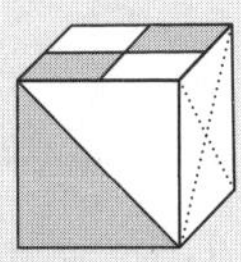

Suchwürfel 1
Symbole 1, 2, 4
I Flächenwürfel

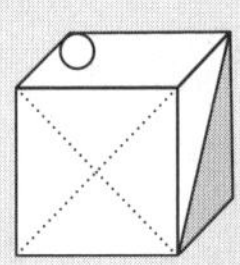

Suchwürfel 3
Symbole 1, 2, 3
II Flächenwürfel plus

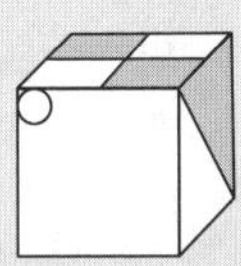

Suchwürfel 6
Symbole 2, 3, 4
III Raumwürfel

Der Ausgangswürfel A verfügt über folgende Symbole: Das Kreuz (1), das graue Dreieck (2) und den Kreis (3). Der Würfel B hat die bekannten Symbole 2 und 3 und ein neues Symbol, die grauen Quadrate, die nun die Ziffer 4 bekommen. Nun kommt nur noch bei Würfel E das graue Rechteck als neues Symbol hinzu, das dann die Ordnungsziffer 5 erhält.

Als Nächstes sollten Sie die Aufgabenreihe A bis F darauf überprüfen, welche Würfel genau die gleichen Symbole tragen. Nur A und C zeigen die gleichen Symbole 1, 2 und 3 (diese Erkenntnis benötigen Sie später bei den sogenannten »Flächenwürfeln plus«). Um das Zuordnungsverfahren von Suchwürfeln und Ausgangswürfel zu erleichtern, kann man die Suchwürfel in drei Typen unterteilen (s. o.). Dies sollten Sie grundsätzlich tun, da es für die Lösungsfindung sehr hilfreich ist.

Würfeltyp I:	Flächenwürfel
Würfeltyp II:	Flächenwürfel plus
Würfeltyp III:	Raumwürfel

Der Flächenwürfel

Beim ersten Würfeltyp handelt es sich um den Flächenwürfel, der sehr leicht dem Ausgangswürfel zugeordnet werden kann, da seine sichtbaren Flächen mit den Flächen eines der gezeigten Würfel identisch sind. Sie sollten dabei wie folgt vorgehen:

Vergleichen Sie die Flächen und Symbole von Suchwürfel 1 zunächst mit den Flächen von Ausgangswürfel A, danach mit B (C können Sie überspringen, da die Flächen mit A identisch sind), und bei Würfel D stellen Sie eine Übereinstimmung in allen drei Symbolen fest. Wenn die Symbole übereinstimmen, prüfen Sie, ob sie auch im richtigen Verhältnis zueinander auftauchen. Damit ist Suchwürfel 1 = Ausgangswürfel D.

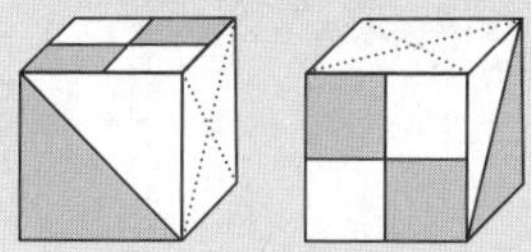

1 D

Wegen dieses einfachen Flächenvergleichs bei der Aufgabenbearbeitung hat dieser Würfeltyp den Namen »Flächenwürfel« erhalten.

Flächenwürfel plus

Beim zweiten Aufgabentyp, dem Würfel Nr. 3 aus den Übungsaufgaben, findet man die gleichen Symbole wie auch bei den Würfeln A und C. Da die anderen Würfel andere Symbole zeigen, scheiden diese als Lösungsmöglichkeit aus. Da aufgrund der gleichen Symbole keine eindeutige Entscheidung möglich ist, müssen Sie hier nun zwischen dem Würfel A und C entscheiden, was aber immer noch leichter ist, als einen von sechs Würfeln auszuwählen.

Den Namen »Flächenwürfel plus« hat dieser Würfeltyp erhalten, da Sie hier einen zusätzlichen Prüfungspunkt in Ihre Überlegungen mit einbauen müssen. Zusätzlich beachten Sie bei diesem Schritt auch Positionen der Symbole zueinander.

Beginnen wir mit der Beachtung der Beziehung der beiden Flächen Kreuz (1) und graues Dreieck (2) bei unserem Suchwürfel 3:

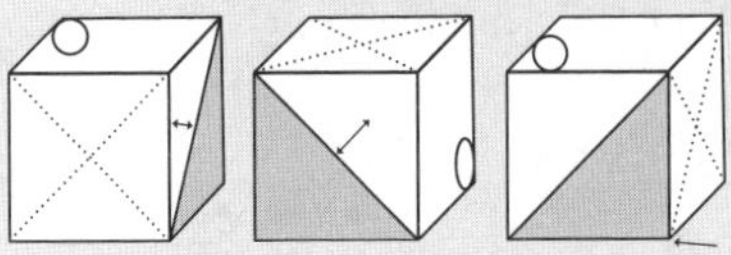

3 A C

Zwischen den beiden Flächen befindet sich ein weißer Zwischenraum (das weiße Dreieck), was nur bei Würfel A auch der Fall ist. Betrachtet man Würfel C, so stellt man fest, dass das graue Dreieck direkt an dem Kreuz anliegt. Daher ist hier Lösung A richtig.

Lassen Sie uns der Vollständigkeit halber auch noch die Beziehung zwischen dem grauen Dreieck (2) und dem Kreis (3) bei Würfel Nr. 3 betrachten:

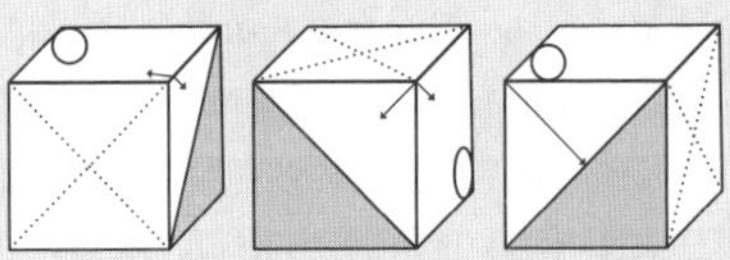

3 A C

Denkt man sich eine Verbindungslinie, hier bei uns die Pfeile, vom grauen Dreieck zum Kreis, so kann man feststellen, dass diese bei Würfel 3 und A gleich lang ist, während bei Würfel C die Linie zum Kreis deutlich kleiner wäre, da der Kreis direkt an der Ecke anliegt. Damit wird die Lösung A nochmals bestätigt.

Raumwürfel

Bei dem dritten Würfeltyp, dem Würfel Nr. 6 aus unserer Aufgabe, handelt es sich um den Typ des sogenannten Raumwürfels. Auf den ersten Blick könnte man meinen, dass es sich um den Flächenwürfel B handelt, wobei wir dies wie beim Flächenwürfel genauer überprüfen wollen. Wieder prüfen wir, ob sich die Symbole im richtigen Verhältnis zueinander befinden. Überprüfen wir die Lage des weißen Quadrats (4) zum weißen Kreis (3), so scheint die Beziehung richtig zu sein.

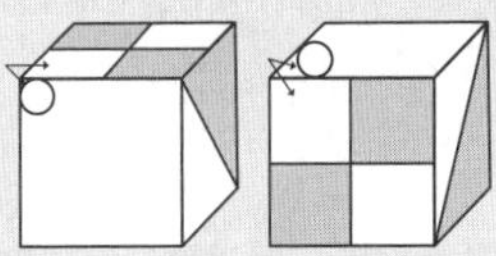

6 B

Aber: Das graue Quadrat (4) grenzt bei Würfel B nicht wie bei Würfel 6 an das graue Dreieck. Daher kann es sich hier nicht um den Würfel B handeln.

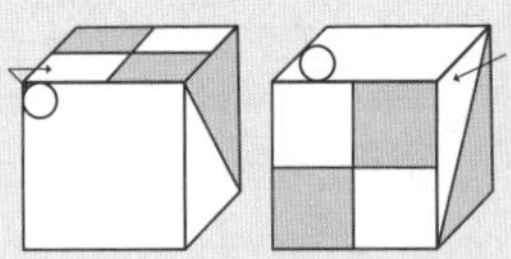

6 B

Um den richtigen Würfel herauszufinden, bedienen wir uns jetzt wieder der Ausschlussmethode, d. h., wir schauen als Erstes, welche Würfel definitiv ausscheiden müssen.

Beginnen wir mit Würfel F:

Der Kreis (3) und die Quadrate (4)

sind zwar vorhanden, jedoch stellt man bei einer Überprüfung der Symbollage fest, dass beim Würfel Nr. 6 der weiße Kreis ganz nahe an dem weißen Quadrat (4) ist. Dies ist bei Würfel F jedoch nicht der Fall.

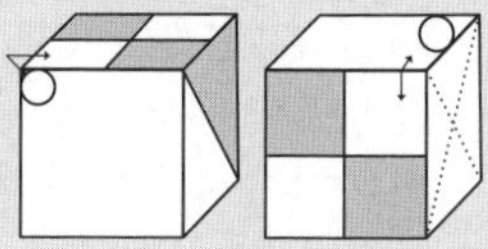

6 F

Betrachten wir nun Würfel E:
Würfel E könnte wegen der richtigen Beziehungen der Flächen Kreis (3) und Dreieck (2) infrage kommen. Dieser Würfel muss jedoch ausscheiden, wenn man ihn nach rechts zur Seite kippt, sodass der Kreis unten liegt und die Lage der Dreiecke in Übereinstimmung mit dem Würfel Nr. 6 liegen.

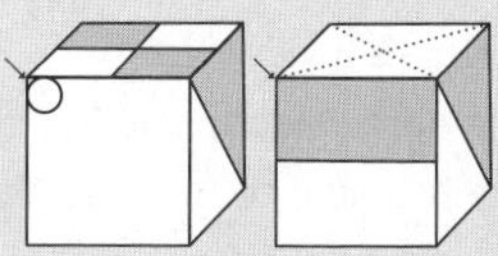

6 E

Jetzt stellt man fest, dass das Rechteck (5) noch immer vorne sichtbar ist, wo sich eigentlich der Kreis (3) befinden müsste. Damit ist Lösung E auch nicht korrekt.

Würfel C und D:
Bei Würfel D findet man zwei Symbole des Aufgabenwürfels, jedoch stimmt die Lage der Symbole nicht überein. Dies gilt auch für Würfel C, wo die Entfernung vom Kreis (3) zum Dreieck (2) nicht stimmt.

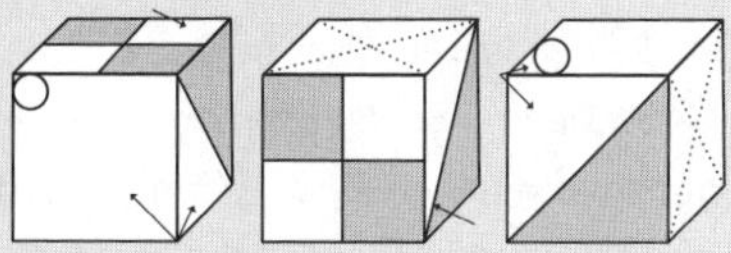

6 D C

Da alle anderen Lösungen ausgeschlossen werden konnten, bleibt in unserem Beispiel nur Lösung A als korrekt übrig. Hier stimmen nun auch die Entfernungen Kreis (3) / Dreieck (2).

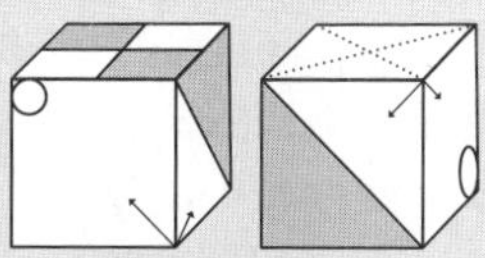

6 A

Mithilfe der Ausschlussmethode konnten wir nun – arbeitsintensiv, aber leicht – den richtigen Würfel herausfinden. Bei den Raumwürfeln ist ein besonderes Maß an räumlicher Vorstellungskraft nötig, d. h., das Wenden und Drehen des Würfels mittels reiner Vorstellungskraft und unter Berücksichtigung der Zuordnung der Flächen zueinander.

Diese schwierigeren Raumwürfel machen in einer realen Testsituation meistens nur 30 % aller Aufgaben aus. Die restlichen Würfel sind Flächenwürfel oder Flächenwürfel plus. Bearbeiten Sie in einem Einstellungstest zuerst immer die einfachen Flächenwürfel bzw. Flächenwürfel plus. Sie sammeln so wertvolle Punkte, da jede richtige Lösung zählt! Bewahren Sie immer einen kühlen Kopf und beißen Sie sich auf keinen Fall an einer Aufgabe fest! Lösen Sie immer erst leichtere Aufgaben und gehen Sie zum Schluss auf die schweren über, wenn Ihnen dann noch genügend Zeit bleibt.

Generelle Bearbeitungstipps zum räumlichen Vorstellungsvermögen

Diese Aufgabentypen erscheinen meistens schwerer, als sie sind. Natürlich braucht es Zeit, bis Sie in der Lage sind, Gegenstände im Kopf in alle Richtungen zu drehen und zu kippen, ohne dass Sie gleich den Überblick verlieren. Um sich die Trainingsphase etwas leichter zu gestalten, können Sie folgende Tricks anwenden:

- Gerade bei Würfelaufgaben ist es sehr leicht, sich eine durchsichtige Folie zum Würfel zu knicken und diese immer wieder neu zu bemalen. Sie werden sehr schnell merken, dass Sie am Anfang zwar etwas Zeit beim Zeichnen verlieren, aber rasch immer weniger auf dieses Hilfsmittel zurückgreifen müssen. Ihr Gehirn »speichert« die Würfel, und die Drehungen / Rotationen erfolgen irgendwann nahezu automatisch.
- Wenn Sie einmal beim Üben partout nicht auf eine Lösung kommen, so schneiden Sie sich die Grafik aus und bearbeiten Sie sie so lange, bis Sie die Lösung auch wirklich verstanden haben. Zu Hause haben Sie Zeit, und es nützt Ihnen nichts, wenn Sie in einer realen Testsituation einen negativen Wiedererkennungseffekt (» Das konnte ich schon zu Hause nie … «) haben. Dann provozieren Sie lieber den positiven Wiedererkennungswert (» Das Problem habe ich schon mal gehabt und wie folgt gelöst … «).
- Beachten Sie immer die Symbole auf den Zeichnungen, die Sie bearbeiten sollen. Oftmals können Sie mit der Ausschlussmethode die Lösungsmöglichkeiten drastisch reduzieren und unter Umständen am Ende auch mal gewagt raten. Vergleichen Sie bei den Symbolen immer die Abstände zueinander. Passt ein Abstand nicht, so scheidet diese Lösungsmöglichkeit aus und Sie können eine andere bearbeiten.
- Beißen Sie sich nicht an Aufgaben fest! Dies könnte Sie zu viel Zeit kosten, die Ihnen am Ende für womöglich wesentlich leichtere Aufgaben fehlt. Kleinvieh macht auch Mist, und dies gilt insbesondere für Punkte, die Sie so auf die Schnelle nebenbei mitnehmen können.

Physik und Technik

Nicht jedermanns Geschmack, und dennoch: mit ein bisschen Übung durchaus zu knacken. Und da Sie sich ja nicht als Kandidat/-in für den nächsten Nobelpreis in Physik bewerben, ist alles halb so schwer, wenn Sie sich jetzt überwinden …

Physikalische Grundlagen und Gesetze

Im Folgenden finden Sie die gängigsten physikalischen Grundlagen und Gesetze, die für Ihren Einstellungstest von Bedeutung sein können.

Mechanik

Dichte	$\rho = \frac{m}{V}$	ρ	Dichte ($\frac{kg}{dm^3} = \frac{kg}{\ell} = \frac{g}{cm^3}$)
		m	Masse (kg)
		V	Volumen (ℓ, dm^3, cm^3)
Kraft	$F = m \cdot a$	F	Kraft ($N = \frac{kg \cdot m}{s^2}$)
		m	Masse (kg)
		a	Beschleunigung ($\frac{m}{s^2}$)
Gewicht	$F_g = m \cdot g$	F_g	Kraft ($N = \frac{kg \cdot m}{s^2}$)
		m	Masse (kg)
		g	Erdbeschleunigung ($\frac{m}{s^2}$)
Impuls	$p = m \cdot v$	p	Impuls ($\frac{kg \cdot m}{s}$)
		m	Masse (kg)
		v	Geschwindigkeit ($\frac{m}{s}$)
Kinetische Energie	$E_{kin} = \frac{1}{2} m \cdot v^2$	E	Energie ($J = Nm = \frac{kg \cdot m^2}{s^2}$)
		m	Masse (kg)
		v	Geschwindigkeit ($\frac{m}{s}$)
Lageenergie (potenzielle Energie der Lage)	$E_{pot} = m \cdot g \cdot h$	E	Energie ($J = Nm = \frac{kg \cdot m^2}{s^2}$)
		m	Masse (kg)
		g	Erdbeschleunigung ($\frac{m}{s^2}$)
		h	Höhe (m)
Arbeit	$W = F \cdot s$	W	Arbeit ($J = Nm = \frac{kg \cdot m^2}{s^2}$)
		F	Kraft ($N = \frac{kg \cdot m}{s^2}$)
		s	Strecke (m)
Leistung	$P = \frac{W}{t}$	P	Leistung ($W = J/s = \frac{kg \cdot m^2}{s^3}$)
		W	Arbeit ($J = Nm = \frac{kg \cdot m^2}{s^2}$)
		t	Zeit (s)

Druck	$p = \frac{F}{A}$	p	Druck (1 bar $= 10^5$ Pa $= 10^5 \frac{N}{m^2}$)
		F	Kraft ($N = \frac{kg \cdot m}{s^2}$)
		A	Arbeit ($J = Nm = \frac{kg \cdot m^2}{s^2}$)
Weg-Zeit-Gesetz bei konstanter Geschwindigkeit	$s = v \cdot t$	s	Weg (m)
		v	Geschwindigkeit ($\frac{m}{s}$)
		t	Zeit (s)
Weg-Zeit-Gesetz bei konstanter Beschleunigung	$s = \frac{1}{2} a \cdot t^2$	s	Weg (m)
		a	Beschleunigung ($\frac{m}{s^2}$)
		t	Zeit (s)

1 $\frac{m}{s}$ entspricht genau 3,6 $\frac{km}{h}$. Um den Zahlenwert der Einheit $\frac{m}{s}$ in $\frac{km}{h}$ umzurechnen, muss dieser mit 3,6 multipliziert werden.

Kraft

- Die Kraft F ist die Ursache dafür, dass ein Körper seinen Bewegungszustand ändert. Die Einheit wird in Newton angegeben:
  $N = 1\ kg \cdot \frac{m}{s^2}$
- Um die Geschwindigkeit eines Körpers der Masse m mit der Beschleunigung a zu erhöhen, bedarf es einer Kraft F oder anders ausgedrückt: Wirkt auf einen Körper der Masse m eine Kraft F, so erfährt dieser Körper eine Beschleunigung. Es gilt dann die Grundregel der Mechanik:
  $F = m \cdot a$ F = Kraft, m = Masse, a = Beschleunigung
- Gemäß dem Trägheitsprinzip bleibt ein Körper in Ruhe oder bewegt sich mit konstanter Geschwindigkeit weiter, solange die Summe aller auf ihn einwirkenden Kräfte gleich null ist.
- Jeder Körper, der auf einen anderen Körper eine Kraft ausübt, erfährt auch von diesem Körper eine eigene Kraft, sodass auf jeden der beiden Körper eine Kraft wirkt. Die beiden Kräfte sind gleich groß und entgegengesetzt gerichtet. Dies wird auch als Wechselwirkungsprinzip bezeichnet und es gilt:
  $\vec{F_1} = -\vec{F_2}$ bzw. $|\vec{F_1}| = |\vec{F_2}|$
- Ein Körper übt aufgrund seiner Masse immer eine Kraft, die sogenannte Gewichtskraft, Richtung Erde aus (F_G). Diese lässt sich wie folgt berechnen:
  $F_G = m \cdot g$
  m = Masse, g = Ortsfaktor, Erde: ∅ 9,81 $\frac{N}{kg} = 9,81 \frac{m}{s^2}$ (Erdbeschleunigung)

Aufgrund der mit der Erdrotation verbundenen Zentrifugalkraft sind g und damit sämtliche Gewichte in großer Höhe bzw. am Äquator geringfügig geringer als in Meereshöhe bzw. an den Polen.

- Die Summe aller Kräfte ergibt sich gemäß:
  $\overrightarrow{F_{Ges}} = \overrightarrow{F_1} + \overrightarrow{F_2}$
  Man spricht hierbei auch von der sogenannten Kraftaddition.
  Beispiel: Es ist unerheblich, ob ein Gegenstand von einer Quelle oder von mehreren bewegt wird. Die Kraft, die hierzu notwendig ist, bleibt immer gleich, auch wenn sich bei mehreren Quellen die Einzellast verringert.

Drehmoment

- Das Drehmoment M ist das Produkt aus Kraftbetrag F und Hebelarm s:
  $M = F \cdot s$ (Einheit: Newtonmeter Nm)

- An einem Hebel herrscht Gleichgewicht, wenn die Summe aller rechtsdrehenden Drehmomente gleich der Summe aller linksdrehenden Drehmomente ist.

  Gleichgewicht: $F_1 \cdot s_1 = F_2 \cdot s_2$
  hier: $s_1 > s_2$, $F_1 < F_2$

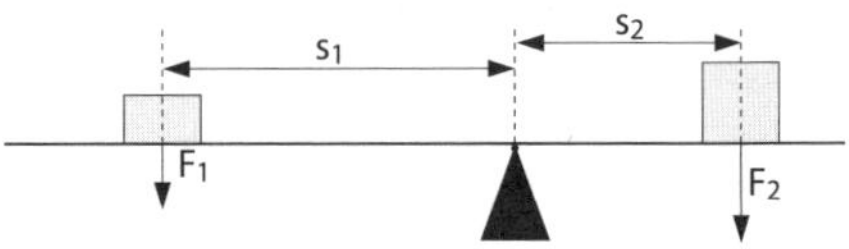

- Jeder Körper verhält sich so, als würde die ganze Gewichtskraft in einem Punkt angreifen. Dieser Punkt wird als Schwerpunkt bezeichnet.

Impuls

- Jeder Körper trägt einen Impuls, den er beim Auftreffen/durch Wechselwirkungen auf einen anderen Körper ganz oder teilweise überträgt. Der Impuls p ist das Produkt aus Masse m und Geschwindigkeit v:
  $p = m \cdot v$ (Einheit: $\frac{kg \cdot m}{s}$)

  Beispiel: Welchen Impuls p hat ein Körper der Masse $m = 2\,kg$ bei einer Geschwindigkeit von $36\,\frac{km}{h}$?

  $p = 2\,kg \cdot 36\,\frac{km}{h} = 2\,kg \cdot 10\,\frac{m}{s} = 20\,\frac{kg \cdot m}{s}$

- Die Summe der Impulse vor einem Stoß ist gleich der Summe der Impulse nach dem Stoß. Dies wird Impulserhaltung genannt:
  $\overrightarrow{p_1} + \overrightarrow{p_2} = \overrightarrow{p_1}' + \overrightarrow{p_2}'$

- Ein Stoß bezeichnet allgemein das Zusammenprallen zweier Körper. Ist ein Stoß *elastisch*, so stoßen sich die Körper aufgrund ihrer Elastizität wieder voneinander ab und bewegen sich im Allgemeinen mit unterschiedlichen Geschwindigkeitsbeträgen. Sind die an einem Stoßvorgang beteiligten Körper *unelastisch*, so deformieren sich ihre Berührungsstellen. Sie verbinden sich dadurch zu einem Körper und bewegen sich dann mit gemeinsamer Geschwindigkeit weiter. Der Impulserhaltungssatz gilt beim elastischen und unelastischen Stoß, der Energieerhaltungssatz (siehe unten) nur beim elastischen Stoß.
- Stößt eine Kugel der Masse m mit der Geschwindigkeit v_1 elastisch auf eine zweite, ruhende Kugel mit der gleichen Masse, übernimmt diese den Impuls der ersten. Der Impuls bleibt in seiner Größe erhalten, denn $p_1 = p_2$. Die erste Kugel bleibt stehen, die zweite bewegt sich mit der Geschwindigkeit $v_2 = v_1$ weiter ($p_2 = m \cdot v_2$).

Flaschenzug

- Der Betrag einer Kraft bleibt erhalten, auch wenn deren Angriffspunkt verändert wird. Mithilfe eines Flaschenzuges wird die Zugkraft durch Rollen auf die Anzahl der tragenden Seile aufgeteilt:

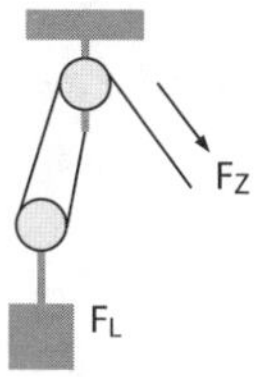

F_Z = Erforderliche Zugkraft am Seilende, F_L = Gewichtskraft der angehängten Masse, n = Anzahl der Verbindungen zwischen den unteren und oberen Rollen. Die Einheit wird in Newton N angegeben. Beim abgebildeten Flaschenzug gibt es zwei tragende Seile, sodass die erforderliche Zugkraft F_Z halb so groß ist wie die Gewichtskraft F_L der Masse.

- Die goldene Regel der Mechanik besagt, dass man mit Maschinen Kräfte einsparen kann. Dafür ist der Weg, den man zurücklegen muss, länger. Das Produkt aus Kraft und Weg (Arbeit) bleibt jedoch konstant. Für das abgebildete Flaschenzugbeispiel bedeutet dies, dass am Seilende doppelt so lange gezogen werden muss, wie das Gewicht angehoben wird.
- Die Strecke für die Höhenänderung beim Flaschenzug berechnet sich nach der Formel:

$s = n \cdot h$ s = Strecke, die das Seil zurücklegt, n = Anzahl der Verbindungen zwischen den unteren und oberen Rollen, h = Höhenänderung der angehängten Masse

Arbeit

- Die mechanische Arbeit W ist das Produkt aus einer Kraft F und einem Weg s, in dessen Richtung die Kraft wirkt:
  $W = F \cdot s$ (Einheit: Joule J = Nm)

- Arbeit ist eine Größe, durch die Energieänderungen von Systemen erfasst werden. Sie kann zu Ortsveränderungen von Körpern führen (Hubarbeit) oder die Beschleunigung von Körpern bewirken (Beschleunigungsarbeit).

Hubarbeit	Beschleunigungsarbeit
$W_{Hub} = F_G \cdot h = m \cdot g \cdot h$	$W_B = \frac{1}{2} m (v^2 - v_o^2)$

  F_G = Gewichtskraft, g = Erdbeschleunigung ($9{,}81 \frac{m}{s}$), h = Hubhöhe, m = Masse, v = Endgeschwindigkeit, v_o = Anfangsgeschwindigkeit

  Beispiel: Welche mechanische Arbeit ist notwendig, um ein Fahrrad (m = 10 kg) aus dem Stand auf $10 \frac{km}{h}$ zu beschleunigen?

  $W_B = \frac{1}{2} \cdot 10\,kg \cdot \left[(10 \frac{km}{h})^2 - (0 \frac{km}{h})^2\right] = \frac{1}{2} \cdot 10\,kg \cdot (2{,}78 \frac{m}{s})^2$

  $W_B = 38{,}6\,J$

Leistung

- Diese Größe drückt aus, wie schnell eine mechanische Arbeit verrichtet werden kann:

  $P = \frac{\text{Arbeit W}}{\text{Zeit t}}$ (Einheit: Watt W)

- Die Leistung eines punktförmigen Körpers bei einer Bewegung wird durch folgende Formel ermittelt:
  $P = F \cdot v$
  F = Kraft, v = Geschwindigkeit, mit der die Bewegung stattfindet

- Der Wirkungsgrad bezeichnet das Verhältnis zwischen abgegebener und aufgenommener Leistung. Er berechnet sich nach:

  $\eta = \frac{P\,(\text{abgegeben})}{P\,(\text{aufgenommen})}$

Energie

- Unter Energie wird die Fähigkeit verstanden, Arbeit zu verrichten. Energie kann immer nur umgewandelt, nicht aber erzeugt oder vernichtet werden. Der Energieerhaltungssatz besagt, dass die Gesamtenergie in einem energetisch geschlossenen System immer konstant ist.

- Beispiele für verschiedene Energieformen: Bewegungsenergie, Lageenergie, Spannungsenergie und thermische Energie.

- Bewegungsenergie bezeichnet eine Masse m, die sich mit der Geschwindigkeit v bewegt. Die kinetische Energie berechnet sich wie folgt:

  $E_k = \frac{1}{2} \cdot m \cdot v^2$

  E_k = kinetische Energie, m = Masse, v = Geschwindigkeit

- Die Lageenergie oder auch potenzielle Energie der Lage berechnet sich nach der Formel:
  $E_{pot} = m \cdot g \cdot h$
  E_{pot} = potenzielle Energie, m = Masse, g = Ortsfaktor ($9{,}81 \frac{m}{s^2}$), h = Höhe

  Ein Körper hat somit durch die Anziehungskraft der Erde, bezeichnet durch den Ortsfaktor g, bei einer Masse m und Höhe h eine bestimmte, berechenbare potenzielle Energie.

- Die Spannungsenergie bezeichnet die Energie, die eine Feder mit der Federkonstante D über die Strecke s in einem gespannten Zustand besitzt. Sie berechnet sich durch:

  $E_s = \frac{1}{2} \cdot D \cdot s^2$

  E_s = Spannungsenergie, D = Federkonstante, s = Strecke

- Die thermische Energie bezeichnet den in einem Medium gebundenen Energiebetrag. Sie wird auch fälschlich Wärmeenergie genannt. Die thermische Energie beruht auf der Bewegungsenergie der Atome in einem Medium.

- Masse und Energie sind äquivalent:
  $E = m \cdot c^2$
  E = Energie, m = Masse, c = Lichtgeschwindigkeit (ca. $0{,}3 \cdot 10^9 \frac{m}{s}$)
  Diese Formel wurde durch Albert Einstein aufgestellt.

Fadenpendel

- Bei einem Pendel wechseln sich Bewegungsenergie und Lageenergie ab.

- Die Schwingungsdauer T und die Elongation (Auslenkung des Körpers) eines Fadenpendels sind von der Masse des angehängten Körpers unabhängig. Sie wächst aber mit der Länge l des Fadens nach dem Gesetz:

  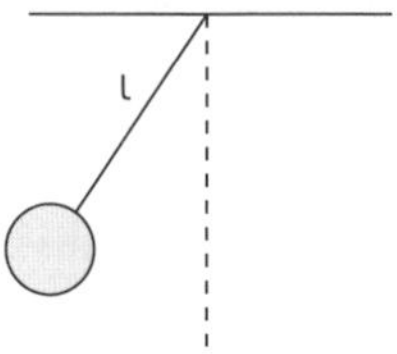

  $T = 2\pi \cdot \sqrt{\frac{l}{g}}$

  Hieraus folgt: $T \sim \sqrt{l}$

Hydraulik, Pneumatik, Thermodynamik

- Übt man auf eine eingeschlossene Flüssigkeit eine Kraft aus, entsteht ein Druck p (Einheiten bar und Pascal). Der Druck wirkt in alle Richtungen auf das die Flüssigkeit einschließende Gefäß sowie auf die in der Flüssigkeit befindlichen Objekte. Die Druckgröße p ergibt sich aus dem Quotienten der Druck erzeugenden Kraft F und ihrer Wirkungsfläche A:
  $p = \frac{F}{A}$

- Flüssigkeiten lassen sich nicht komprimieren, übertragen aber Kräfte mittels Druck.

- Da der untere Teil eines eingetauchten Körpers einem größeren Schweredruck ausgesetzt ist als der obere Teil, entsteht ein Auftrieb.

- Die Auftriebskraft, die ein eingetauchter Körper erfährt, ist so groß wie die Gewichtskraft auf die vom Körper verdrängte Flüssigkeit (Archimedisches Prinzip).

- Ein Körper sinkt, wenn die Auftriebskraft kleiner ist als seine Gewichtskraft.

- Ein Körper schwebt, wenn die Auftriebskraft gleich seiner Gewichtskraft ist.

- Ein Körper steigt, wenn die Auftriebskraft größer ist als seine Gewichtskraft.

- Alle drei Fälle lassen sich vorhersagen, wenn man die Flüssigkeitsdichte und die mittlere Dichte des Körpers kennt.

- Satz von Bernoulli: Die Summe von statischem Druck und dynamischem Druck (Staudruck) ist konstant. Wichtig: Der statische Druck wirkt in alle Richtungen, der dynamische Druck nur in Richtung der Strömung.

- Anders als Flüssigkeiten kann man Gase komprimieren. Dabei erhöht sich der Druck.

Elektrik

Ohmsches Gesetz	$U = R \cdot I$	U	elektr. Spannung (V)
		R	ohmscher Widerstand (Ω)
		I	elektr. Stromstärke (A)
Elektrische Leistung	$P = U \cdot I$	P	elektr. Leistung ($W = V \cdot A$)
		U	elektr. Spannung (V)
		I	elektr. Stromstärke (A)
Elektrische Arbeit	$W = U \cdot I \cdot t$	W	elektr. Arbeit (Einheit: Wattsekunde)
		U	elektr. Spannung (V)
		I	elektr. Stromstärke (A)
		t	Zeit
Seriell geschaltete Widerstände		R_{ges}	Gesamtwiderstand (Ω)
$R_{ges} = R_1 + R_2 + \ldots$		R_1, R_2	Widerstände (Ω)
Parallel geschaltete Widerstände		R_{ges}	Gesamtwiderstand (Ω)
$\frac{1}{R_{ges}} = \frac{1}{R_1} + \frac{1}{R_2} + \ldots$		R_1, R_2	Widerstände (Ω)
Wellenlänge	$\lambda = \frac{c}{f}$	λ	Wellenlänge (m)
		c	Ausbreitungsgeschwindigkeit ($\frac{m}{s}$)
		f	Frequenz ($Hz = \frac{1}{s}$)
Transformator	$\frac{U_p}{U_s} = \frac{N_p}{N_s}$	U_p	Primärspannung (V)
		U_s	Sekundärspannung (V)
		N_p	Anzahl der Wicklungen Primärseite
		N_s	Anzahl der Wicklungen Sekundärseite
	$U_p \cdot I_p = U_s \cdot I_s$	I_p	Stromstärke (A) Primärseite
		I_s	Stromstärke (A) Sekundärseite

- Die Stromstärke I bezeichnet die Ladung Q, die in einer Zeit t durch einen elektrischen Leiter fließt:
  $I = \frac{Q}{t}$ (Einheit: Ampere)

- Die Spannung U ist die Potenzialdifferenz zwischen den beiden Polen eines Stromkreises. Sie gibt an, welche Arbeit nötig ist, um die Ladung Q von dem einen Kontaktpunkt zu dem anderen Kontaktpunkt zu transportieren. Sie ist die Ursache des elektrischen Stroms. U definiert sich als Quotient aus der Leistung P der Quelle, die zum Antreiben der Elektrizität nötig ist, und der Stromstärke I:
  $U = \frac{P}{I} = \frac{W}{Q}$ (Einheit: Volt V)

- Die Leistung wird als Produkt von Spannung und Stromstärke definiert:
  $P = U \cdot I$

- Eine Diode ist ein Schaltelement, das einen Stromfluss in nur eine Richtung ermöglicht. In die andere Richtung wird der Strom bis zur sogenannten Durchbruchspannung blockiert.

Widerstände

- Die Eigenschaft eines Stromleiters, die einen Stromfluss hemmt, wird als Widerstand bezeichnet.

- Der Widerstand R gibt an, welche Spannung man beispielsweise an ein elektrisches Gerät legen muss, um einen Strom I durch das Gerät zu erhalten. R ist der Quotient aus Spannung U und Stromstärke I:
  $R = \frac{U}{I}$ (Einheit: Ohm Ω)

- Das ohmsche Gesetz besagt, dass in einem Leiter die Stromstärke der Spannung direkt und dem Widerstand umgekehrt proportional ist.
  $I \sim U$

- Grundschaltung:
  Reihenschaltung von
  R, U und I

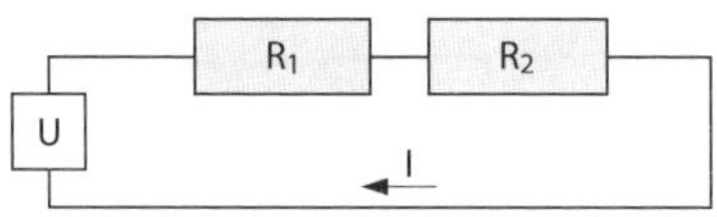

- Da bei der Reihenschaltung alle Widerstände zusammen zu einem unverzweigten Stromkreis gehören, fließt durch alle der gleiche Strom. Man misst überall die gleiche Stromstärke:
  $I = I_1 = I_2 = I_3$ usw.

- Die Spannung der Quelle verteilt sich auf die einzelnen Widerstände. Die Summe der Teilspannungen ist genauso groß wie die Spannung der Quelle:
  $U = U_1 + U_2 + U_3$ usw.

- In Reihe geschaltete Widerstände hemmen die Bewegung der Elektronen wie ein einziger Ersatzwiderstand, der genauso groß ist wie die Summe der Teilwiderstände:
  $R = R_1 + R_2 + R_3$ usw.

- Grundschaltung:
  Parallelschaltung von
  R, U und I

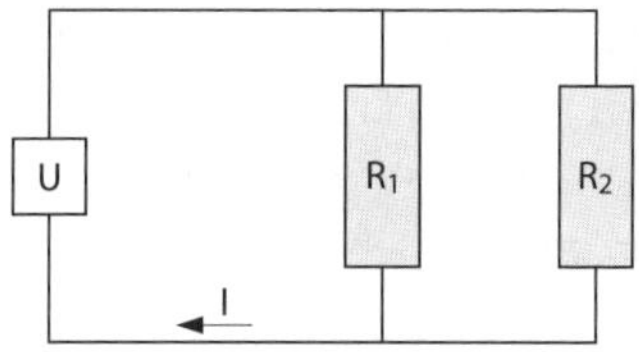

- Bei der Parallelschaltung ist der Gesamtstrom durch die Spannungsquelle genauso groß wie die Summe der Teilströme durch die einzelnen Widerstände, da der Stromfluss auf die einzelnen Widerstände aufgeteilt wird:
  $I = I_1 + I_2 + I_3$ usw.
- Weil jeder Widerstand unmittelbar mit der Spannungsquelle verbunden ist, misst man an jedem Widerstand die gleiche Spannung wie an der Quelle:
  $U = U_1 = U_2 = U_3$ usw.
- Ein einzelner Widerstand, der mehrere parallel geschaltete Widerstände ersetzt, muss kleiner sein als jeder der Teilwiderstände. Für den Ersatzwiderstand gilt:
  $\frac{1}{R} = \frac{1}{R_1} + \frac{1}{R_2} + \frac{1}{R_3}$ usw.

Elektrische Leistung, Kondensatoren, Transformatoren, Schwingkreise

- Die elektrische Leistung P eines elektrischen Verbrauchers ergibt sich aus der verrichteten elektrischen Arbeit pro Zeiteinheit. Nach den obigen Definitionen kann man Leistung als Produkt von Stromstärke und Spannung ausdrücken.

  $P = \frac{W}{t} = \frac{Q \cdot U}{t} = \frac{I \cdot t \cdot U}{t} = U \cdot I$ (Einheit: Watt W)
- Ein Kondensator speichert elektrische Energie. Die gespeicherte Ladung Q ist dabei proportional zur Spannung. Mittels Ladung Q und Spannung I lässt sich die Kapazität C berechnen. Die Einheit wird in Farad (F) angegeben.

  $C = \frac{Q}{U} = \frac{I \cdot t}{U}$

  C = Kapazität, Q = Ladung, U = Spannung, I = Stromstärke, t = Zeit
- Werden Kondensatoren hintereinander in Reihe geschaltet, so wird die Gesamtkapazität durch folgende Formel berechnet:

  $\frac{1}{C} = \frac{1}{C_1} + \frac{1}{C_2} + \frac{1}{C_3}$ usw.
- Bei der Parallelschaltung von Kondensatoren werden die Einzelkapazitäten zur Gesamtkapazität aufsummiert:
  $C = C_1 + C_2 + C_3$ usw.

- Mit einem Transformator können ohne Energieverlust Spannung und Stromstärke verändert werden. Er funktioniert nach dem Prinzip der Induktion und muss daher mit Wechselstrom betrieben werden. Er besteht aus zwei Spulen, die durch einen geschlossenen Eisenkern miteinander verbunden sind:

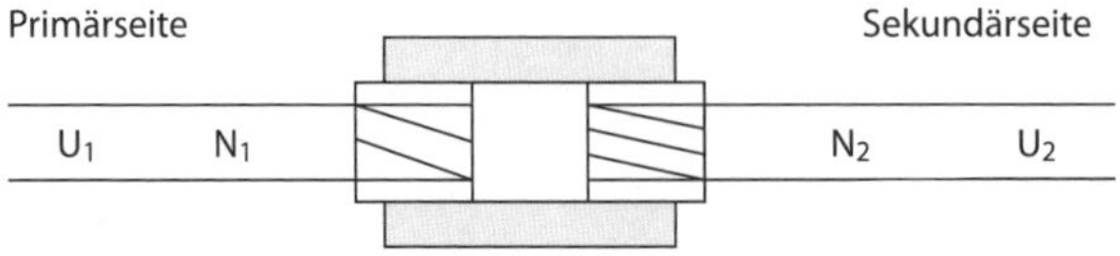

  Zwischen den Anschlüssen der Induktionsspule wird die Sekundärspannung U_2 erzeugt. Sie hängt von U_1 an der Primärspule und den Windungszahlen der Spulen ab. Ist an die Induktionsspule kein Verbraucher angeschlossen, gilt:

  $$\frac{U_1}{U_2} = \frac{N_1}{N_2}$$

  Ist am Trafo ein Gerät/Verbraucher angeschlossen, so wird Energie verbraucht und der Primärstrom I_1 nimmt zu. Um wie viel, hängt von I_2 und den Windungszahlen ab. Der Sekundärstrom bestimmt den Primärstrom. Bei belastetem Trafo gilt:

  $$\frac{I_2}{I_1} = \frac{N_1}{N_2}$$

  Weiter gilt: $U_1 \cdot I_1 = U_2 \cdot I_2$

- Im Kraftwerk wird mit Generatoren Wechselstrom erzeugt. Mittels Trafos wird dieser für den Haushaltsgebrauch auf 230 Volt gesenkt. Der Wechselstrom hat eine Frequenz von 50 Hertz.

- Ein elektrischer Schwingkreis besteht aus einer Parallelschaltung von Spule und Kondensator. Dabei wird periodisch Energie ausgetauscht. Ist der Kondensator vollständig geladen, so wird die Energie im elektrischen Feld gespeichert. Die Entladung findet über die Spule statt, wobei der Strom maximal anliegt und die Energie ins Magnetfeld der Spule geleitet wird. Die Induktion sorgt zudem dafür, dass die Energie anschließend aus dem Magnetfeld entnommen wird und den Kondensator in umgekehrter Polung wieder auflädt. Es ist somit wieder der Ausgangszustand erreicht, diesmal jedoch in umgekehrter Polung. Anschließend wiederholt sich der Vorgang. Die Frequenz eines elektrischen Schwingkreises berechnet sich nach:

  $$f = \frac{1}{2\pi\sqrt{L \cdot C}}$$

  f = Frequenz, L = Induktivität der Spule, C = Kondensatorkapazität

Die Einheit der Frequenz wird in Hertz (Hz) angegeben. $1\ Hz = \frac{1}{s}$. Beim o. a. Vorgang entweicht i. d. R. etwas Energie, z. B. durch Wärme. Dies verursacht eine Dämpfung des Schwingkreises.

Optik

- Von einer Reflexion wird gesprochen, wenn ein Lichtstrahl von der Oberfläche einer Masse zurückgeworfen wird. Dabei gilt das Reflexionsgesetz:
Einfallwinkel = Ausfallwinkel
- Licht wird gebrochen, wenn es auf die Grenzfläche zwischen zwei lichtdurchlässigen Stoffen trifft. Dabei bricht der Lichtstrahl in Richtung des Einfalllots bei einem Übergang von einem optisch dünneren in einen optisch dichteren Stoff. Vom Einfalllot weggebrochen wird der Lichtstrahl bei einem Übergang von einem optisch dichteren in einen optisch dünneren Stoff.
- Die Größe der Ablenkung eines Lichtstrahls ist abhängig von der Wellenlänge des Lichts. Licht höherer Frequenz, z. B. violettes Licht, wird stärker gebrochen als Licht niedriger Frequenz, wie z. B. rotes Licht. Mit einem Prisma lässt sich weißes Licht in seine Bestandteile zerlegen.

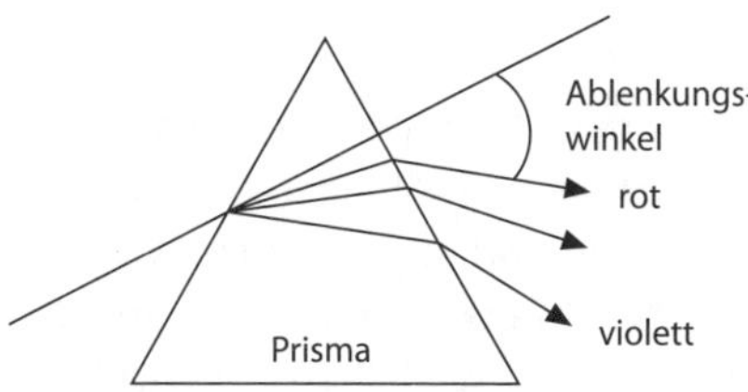

- Bei einem Regenbogen brechen sich die Lichtstrahlen an den Wassertropfen; es entsteht das gleiche Farbspektrum wie beim Prisma. Der Farbverlauf eines Regenbogens ist rot – orange – gelb – grün – blau – indigo – violett.
- Man stellt sich vor, dass ein Gegenstand aus unzähligen Punkten besteht. Im Idealfall erhält man bei einer optischen Abbildung zu jedem Gegenstandspunkt einen Bildpunkt. Daraus folgt, dass man sich auch das Bild eines Gegenstandes aus einzelnen Punkten zusammengesetzt vorstellen muss.

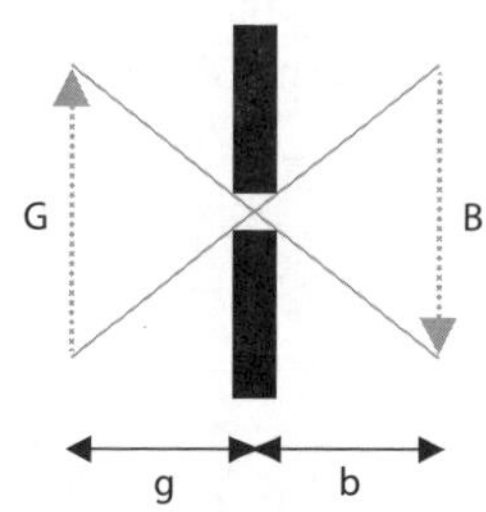

- Das Verhältnis der Bildgröße B zur Gegenstandsgröße G ist genauso groß wie das der Bildweite b zur Gegenstandsweite g. Dieses Verhältnis heißt Abbildungsmaßstab A:

$$A = \frac{B}{G} = \frac{b}{g}$$

Konvexe und konkave Linsen

- Konvexe Krümmungen vergrößern Gegenstände oder ziehen sie in die Länge, wenn sich diese näher an der Linse befinden, als die Brennweite groß ist ($g < f$). Sie stellen Gegenstände auf den Kopf, wenn die Brennweite größer als die Gegenstandsweite ist.
  Bei einer Konvexlinse/Sammellinse wird ein einfallender Lichtstrahl zweimal gebrochen:

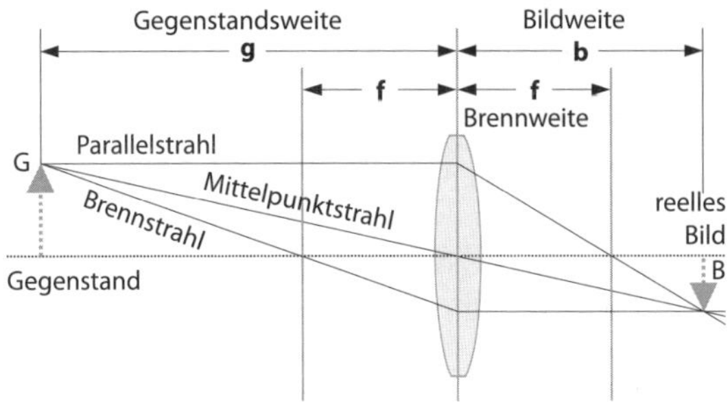

Je stärker, dicker eine Linse ist, desto kürzer ist die Brennweite, da das Licht stärker gebrochen wird.

- **Parallelstrahlen** (d. h. Strahlen parallel zur optischen Achse) werden zu Brennstrahlen (d. h. Strahlen durch den Brennpunkt).
- **Brennstrahlen** werden zu Parallelstrahlen.
- **Mittelpunktstrahlen** (d. h. Strahlen durch den Schnittpunkt von Linsenebene und optischer Achse) werden nicht gebrochen.
- Bei bekannter Gegenstands- und Brennweite errechnet sich die Bildweite, bei der das Bild scharf abgebildet wird, über folgende Formel:

$$\frac{1}{g} + \frac{1}{b} = \frac{1}{f}$$

- Ein Bild kann man sich aus einzelnen Punkten zusammengesetzt vorstellen. Von jedem Punkt des Objektes gehen gestreute Lichtreflektionen aus, die von der Linse zu einem Punkt auf der anderen Seite zusammengelenkt werden.
  Liegt das Objekt vor F_0 ($g > f$), entsteht ein vergrößertes, reelles Bild, das auf dem Kopf steht:

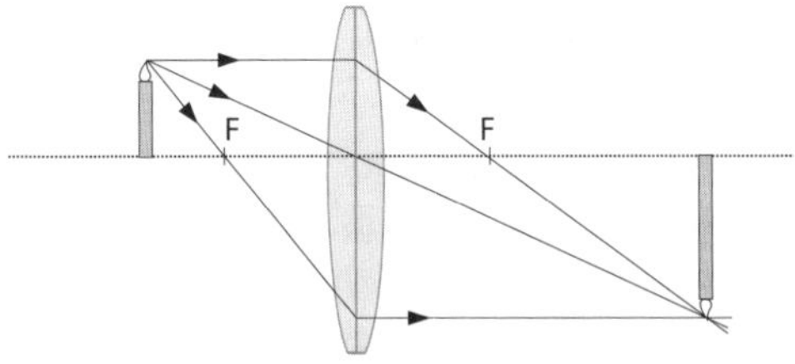

F: Brennpunkt

- Liegt das Objekt genau im Abstand f zur Linse (g = f), entsteht kein Bild:

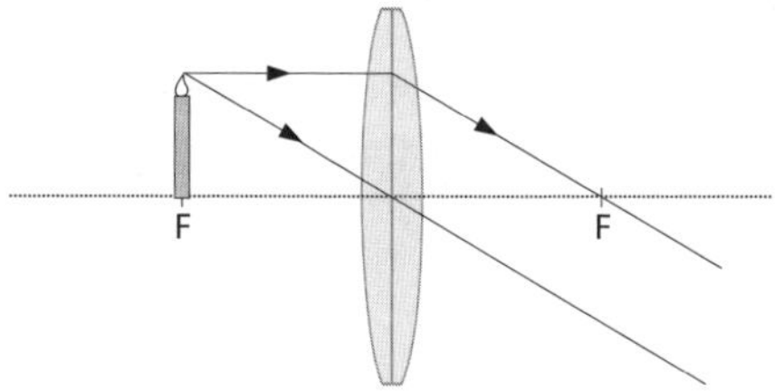

F: Brennpunkt

- Liegt das Objekt zwischen F_0 und Linse (g < f), entsteht ein vergrößertes, virtuelles Bild, das aufrecht steht:

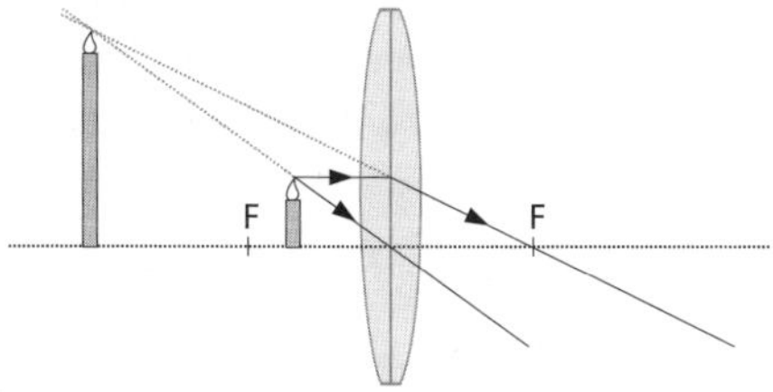

F: Brennpunkt

- Konkave Krümmungen verkleinern Gegenstände oder drücken sie zusammen, wenn sich diese weiter entfernt von der Linse befinden, als die Brennweite groß ist (g > f). Bei einer Konkavlinse/Zerstreuungslinse wird ein einfallender Lichtstrahl zweimal gebrochen:

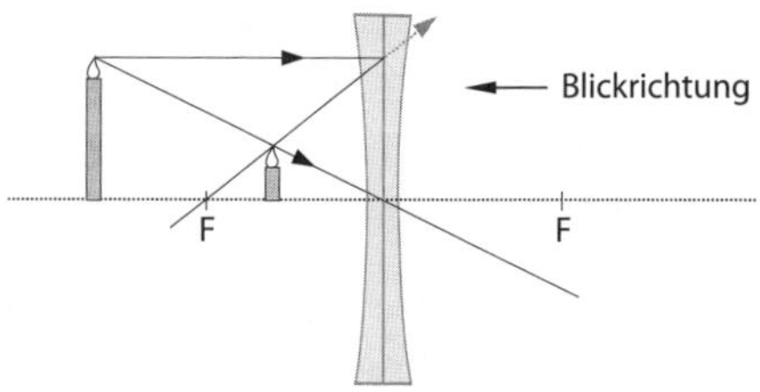

F: Brennpunkt

- Ein normales Fernrohr besitzt im Okular und im Objektiv Sammellinsen. Das Bild steht auf dem Kopf:

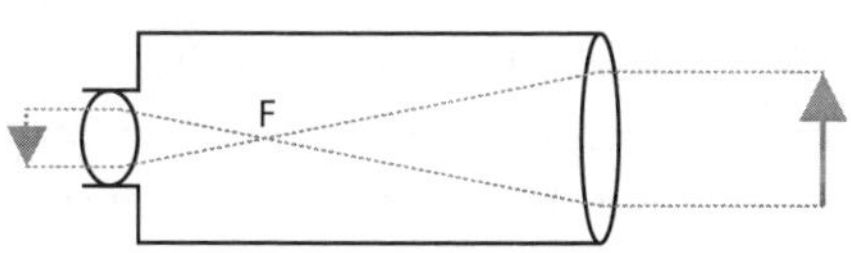

- Kurzsichtige haben ein zu langes Auge. Das virtuelle Bild liegt vor der Netzhaut und ist unscharf. Die Korrektur erfolgt mit einer Streulinse.
- Weitsichtige haben ein zu kurzes Auge. Das virtuelle Bild läge hinter der Netzhaut. Das Bild ist damit ebenfalls unscharf. Die Korrektur erfolgt mit einer Sammellinse.

Wellenlehre

- Eine Welle ist eine Schwingung, die sich mit endlicher Geschwindigkeit in einem Raum ausbreitet. Es wird zwischen Transversalwellen und Longitudinalwellen unterschieden. Bei Transversalwellen stehen Ausbreitungsrichtung und -auslenkung senkrecht aufeinander. Ein Beispiel hierfür sind Seilwellen. Bei Longitudinalwellen verlaufen Ausbreitungsrichtung und -auslenkung parallel. Ein Beispiel hierfür sind Schallwellen.
- Die Wellenlänge λ bezeichnet den Abstand zwischen zwei phasengleichen Schwingungen. Die Wellenlänge λ wird wie folgt berechnet:

  $\lambda = \frac{2\pi}{k}$

  λ = Wellenlänge, π = Kreiszahl, k = Wellenzahl
- Als Phasengeschwindigkeit u wird die Geschwindigkeit bezeichnet, mit der sich die Welle ausbreitet. Die Schwingungsdauer T ist dabei indirekt proportional zur Frequenz der Welle. Sie ist die Zeit, in der sich die Welle um λ fortbewegt:

  $u = \lambda \cdot f, \ f = \frac{1}{T}$

  u = Phasengeschwindigkeit, λ = Wellenlänge, f = Frequenz;
  T = Schwingungsdauer
- Interferenzen treten auf, wenn sich mehrere Transversalwellen überlagern. Dabei werden die Auslenkungen an den Überlagerungspunkten addiert. Zwei Wellenberge verschmelzen somit zu einem noch größeren Berg, ein Berg und ein Tal bedeuten eine Verringerung des Berges bzw. dessen Auslöschung.
- Mit einem Polarisationsfilter können Transversalwellen so gefiltert werden, dass sich nur noch bestimmte Schwingungen einer Achse fortsetzen können. Eine Welle, die nur in eine Richtung auf- und abschwingt, wird als linear polarisiert bezeichnet.

- Verändert ein Beobachter seine Position zum Wellenträger, so nimmt er eine veränderte Wellenlänge wahr. Nähert er sich, so erscheint ihm die Frequenz höher. Entfernt er sich, so erscheint sie niedriger. Dieser Effekt wird als Doppler-Effekt bezeichnet und wird im Alltag oft bei Einsatzfahrzeugen wahrgenommen, die sich mit Blaulicht/Martinshorn annähern und anschließend wieder entfernen.
- An einem Hindernis werden Wellen »gebeugt«. Sie breiten sich dann im Schattenraum des Hindernisses (z. B. einem Spalt) aus.

Wärmelehre

- Körper erwärmen sich bzw. kühlen ab abhängig von ihrem Material in unterschiedlichen Geschwindigkeiten. Diese Eigenschaft wird als spezifische Wärmekapazität c bezeichnet:

  $$c = \frac{Q}{m \cdot \Delta T}$$

  c = spezifische Wärmekapazität, Q = Wärmearbeit, m = Masse,
  ΔT = Temperaturdifferenz
  Die Einheit der Wärmekapazität wird in $\frac{J}{kg \cdot K}$ angegeben.

- Wärme wird von einem Körper abgestrahlt, wenn dieser eine höhere Temperatur besitzt als seine Umgebung.
- Der absolute Nullpunkt der Temperatur liegt bei – 273,15 °C = 0 K.
- Die Siedetemperatur einer Flüssigkeit hängt vom Druck ab, der über der Flüssigkeit herrscht. Bei Wasser liegt diese bei 100 °C. Wird der Druck, z. B. durch einen Schnellkochtopf, erhöht, so steigt die Siedetemperatur des Wassers auf 120 °C.

Radioaktivität

- Radioaktivität bezeichnet die Eigenschaft instabiler Atomkerne, sich unter Energieabgabe spontan umzuwandeln. Die dabei freiwerdende Energie wird in Form ionisierender Strahlung emittiert.
- Alphastrahlung ist eine Teilchenstrahlung. Die Alphateilchen (Heliumkerne) besitzen eine positive Ladung und eine relativ große Masse. Alphastrahlung ist eine für den Menschen gefährliche Strahlung: Zwar besitzt sie nur eine sehr geringe Eindringungstiefe in Materie (ein dickeres Blatt Papier reicht z. B. zur Abschirmung aus); gelangen Alphateilchen aber z. B. durch Nahrungsaufnahme oder über die Atemwege in den Körper (sog. Inkorporation), können sie aufgrund ihres großen Ionisationsvermögens starke Gewebeschäden hervorrufen.
- Betastrahlen bestehen aus Elektronen oder Positronen, die mit hoher Energie den Zellkern verlassen. Sie lassen sich relativ leicht abschirmen.
- Gammastrahlen sind für Mensch und Umwelt ebenfalls schädliche Strahlen. Sie besitzen eine sehr kurze Wellenlänge und bestehen aus energiereichen Protonen. Da es sich um eine elektromagnetische Strahlung handelt, lassen sich die Gammastrahlen nicht einfach ablenken. Zur Abschirmung werden massive Materialien mit einer hohen Dichte, z. B. Bleiplatten, benötigt. Bei gezieltem Einsatz aber (z. B. Strahlentherapie) können sie auch hilfreich sein.
- Kosmische Strahlung gelangt aus dem Weltraum zur Erde und wird durch die Atmosphäre stark abgeschwächt. Sie besteht aus hoher Energie und größtenteils aus Protonen. Nur ein kleiner Teil von ihr gelangt an die Erdoberfläche.
- Terrestrische Strahlung geht von der Erde selbst aus. Es handelt sich hauptsächlich um Gammastrahlung, die von Radionukliden im Boden ausgesandt wird, u. a. von Radium und Uran.
- Die Halbwertszeit bezeichnet die Zeit, in der sich die Menge eines strahlenden Stoffes halbiert hat.

Aerodynamik

- Der Luftwiderstand kann durch Stromlinienförmigkeit eines Körpers minimiert werden. Der Luftwiderstand wächst mit dem Quadrat der Geschwindigkeit. Im Reiseflug dient z. B. der Triebwerksschub eines Flugzeuges lediglich der Überwindung des Luftwiderstands.

Bildaufgaben Technik

Im folgenden Test sollen Sie komplexe Systeme erklären und auf Funktionsfähigkeit und eventuell nötigen Kraftaufwand hin prüfen.

Achtung: Bei diesem Test ist es möglich, dass Ihnen Punkte für Fehler abgezogen werden, also seien Sie vorsichtig beim Raten!

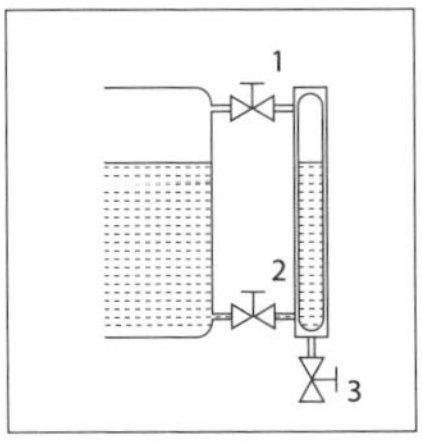

1. Wie leeren Sie die rechte Füllstandsanzeige?
  a) Ventil 1 und 2 werden geschlossen, Ventil 3 geöffnet
  b) Ventil 2 wird geschlossen, Ventil 1 und 3 geöffnet
  c) Alle Ventile werden geöffnet

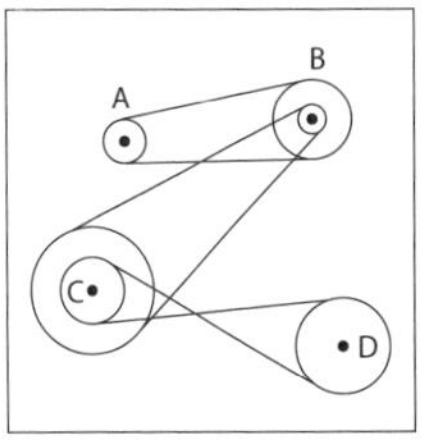

2. Welches der Räder A, B, C oder D dreht sich am langsamsten?
  a) A
  b) B
  c) C
  d) D

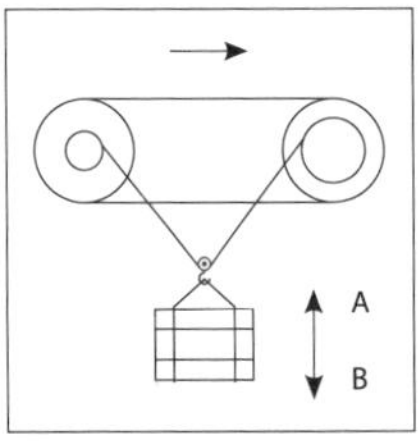

3. Bewegt sich die Kiste oder nicht – wenn ja, in welche Richtung?
  a) Sie bewegt sich in Richtung A
  b) Sie bewegt sich in Richtung B
  c) Sie bewegt sich nicht

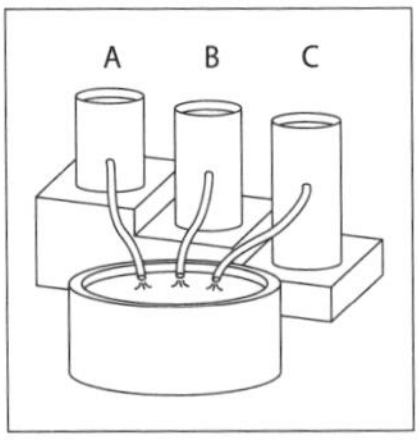

4. Aus welchem Gefäß tritt das Wasser mit dem höchsten Druck heraus?
  a) A
  b) B
  c) C
  d) Der Druck ist gleich stark

Lösungen

1. Aufgabe b)

Warum Ventil 3 geöffnet werden muss, ist wohl klar. Ventil 1 muss ebenfalls offen sein, um den Druckausgleich im Volumen oberhalb der Flüssigkeit in der Füllstandsanzeige zu erlauben. Wäre Ventil 2 auch geöffnet, würde wegen des Prinzips der kommunizierenden Röhren auch der große Vorratsbehälter entleert.

2. Aufgabe d)

Wenn man bei Rad A beginnt, dreht sich jedes folgende Rad langsamer, da die Transmissionsriemen in dieser Richtung stets vom kleinen zum großen Radius aufgespannt sind. Bei gleicher Umfangsgeschwindigkeit bedeutet ein größerer Radius eine langsamere Drehgeschwindigkeit. Als Formel (Geschwindigkeit υ, Radius r, Winkelgeschwindigkeit ω):

$$\upsilon = \omega_1 \cdot r_1 = \omega_2 \cdot r_2$$

Wenn r größer wird, muss ω kleiner werden.

3. Aufgabe a)

Da der Transmissionsriemen an beiden Rädern auf gleichem Umfang aufgelegt ist, haben beide Räder die gleiche Winkelgeschwindigkeit. Das linke Halteseil wird gemäß der angegebenen Drehrichtung abgewickelt, das rechte aufgewickelt. Wegen des größeren Umfangs der Trommel für das rechte Halteseil überwiegt das Aufwickeln. Die Last wird Richtung A gehoben.

4. Aufgabe d)

Da alle Löcher gleich weit unter der Wasseroberfläche liegen, erfahren sie auch durch das Gewicht des darüberliegenden Wassers den gleichen Druck. Genauer:

Allgemein ist Druck Kraft pro Fläche: $p = F : A$. Der Druck wird hier jeweils durch die Wassersäule oberhalb des Loches erzeugt:

$$p = \frac{m \cdot g}{A} = \frac{V \cdot \rho \cdot g}{A} = h \cdot \rho \cdot g$$

→

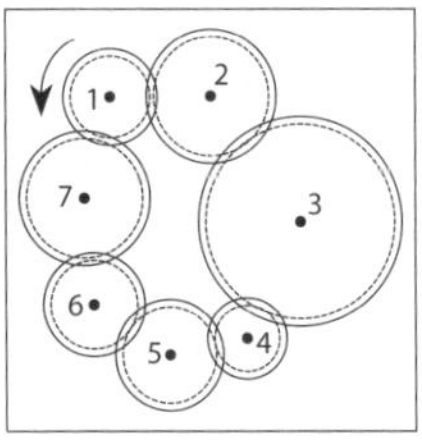

5. Welche der Zahnräder drehen sich in die gleiche Richtung wie das Zahnrad 1?

a) 6 und 4
b) 3 und 5
c) 1 und 6
d) Die Zahnräder drehen sich überhaupt nicht

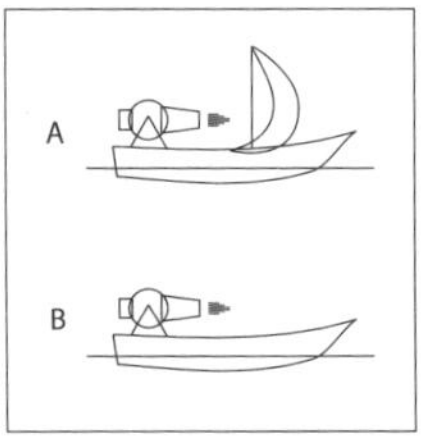

6. Welches der beiden Boote fährt vorwärts?

a) A
b) B
c) Keines fährt vorwärts

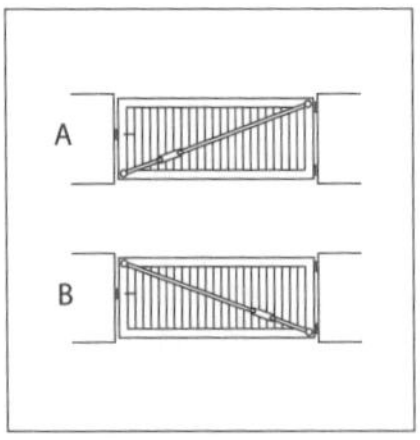

7. Welche der beiden Spannvorrichtungen von Toren ist zweckmäßiger?

a) A
b) B
c) kein Unterschied

Dabei ist m die Masse des Wassers oberhalb des Loches, die sich aus dem Volumen V und der Dichte ρ zusammensetzt. h ist die Höhe der Wassersäule, wobei beim Zylinder gilt: $h \cdot A = V$. Genau genommen kommt jeweils noch der Luftdruck hinzu, der auf die Wasseroberfläche wirkt. Da auch dieser für alle drei Dosen identisch ist (Umgebungsluftdruck), ändert sich nichts an der Aussage.

---

5. Aufgabe d)

Der Drehsinn wechselt zwischen je zwei Zahnrädern. Wenn sich Zahnrad 1 gegen den Uhrzeigersinn dreht, dreht sich Zahnrad 2 im Uhrzeigersinn usw. Daher drehen sich alle Zahnräder mit ungerader Nummer gegen den Uhrzeigersinn. Also müsste sich auch Zahnrad 7 gegen den Uhrzeigersinn drehen. Das ist aber wegen der Kopplung mit Zahnrad 1 nicht möglich.

---

6. Aufgabe c)

Das Gebläse sorgt für einen Impulsübertrag zwischen umgebender Luft und dem Boot. Im Falle des Bootes B führt dies wegen der Erhaltung des Gesamtimpulses und weil die Luft nach vorne beschleunigt wird dazu, dass das Boot rückwärts beschleunigt wird. Das Boot A fährt überhaupt nicht, da die vom Gebläse beschleunigte Luft am Segel wieder abgebremst wird, wodurch sich die beiden Effekte gegenseitig aufheben.

Zusatzbemerkung: Selbst wenn das Segel für eine Umlenkung des Luftstrahls um 180° sorgte, würde dies das Boot nicht nennenswert vorwärtstreiben. Das liegt daran, dass Ein- und Ausströmgeschwindigkeit hier gleich sind. Im Gegensatz dazu ist der Umkehrschub eines Strahltriebwerks wirksam, da hier die Ausströmgeschwindigkeit viel höher ist als die Einströmgeschwindigkeit. Diese auf den ersten Blick vorhandene Analogie ist also irreführend.

---

7. Aufgabe a)

Das am rechten Rand verankerte Tor neigt dazu, durch das Eigengewicht eine Parallelogramm-Verschiebung des linken Randes nach unten zu machen. Die bei A abgespannte Diagonale würde sich dabei verlängern, was durch die Spannvorrichtung verhindert wird. Die andere Diagonale würde sich dabei verkürzen, was durch die bei B vorgeschlagene, nur auf Zug belastbare Spannvorrichtung nicht verhindert würde.

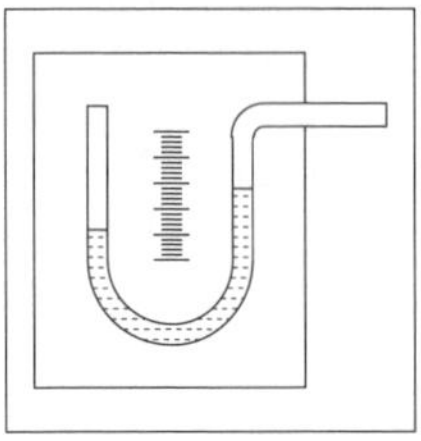

8. Was zeigt das U-Rohr für den äußeren Raum an?
a) Unterdruck
b) Überdruck
c) ein Vakuum

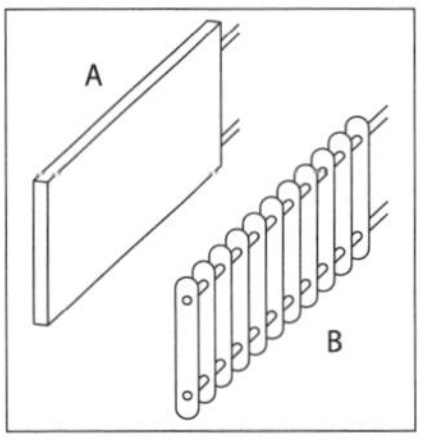

9. Welcher Heizkörper gibt mehr Wärme ab?
a) Heizkörper A
b) Heizkörper B
c) kein Unterschied

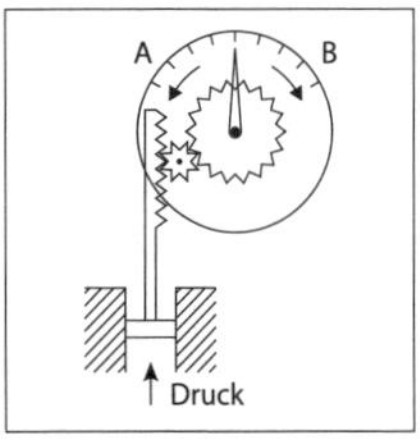

10. In welche Richtung bewegt sich der Zeiger bei Druckerhöhung?
a) Richtung A
b) Richtung B
c) weder noch

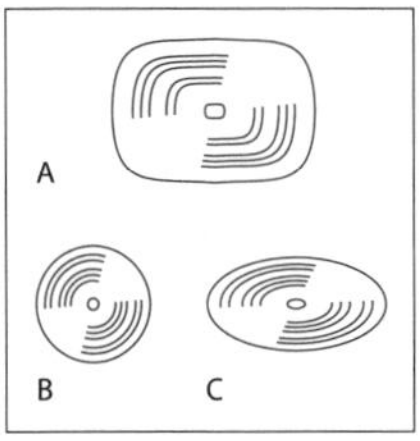

11. Welcher Lautsprecher eignet sich besser zur Übertragung tiefer Töne?
a) Modell A
b) Modell B
c) Modell C

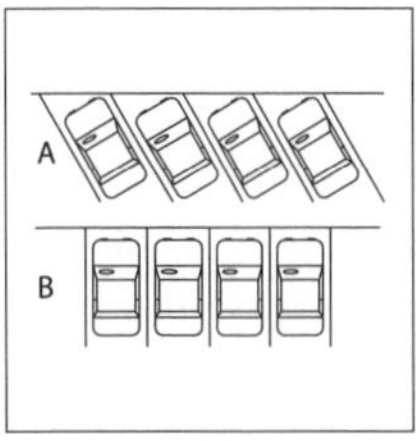

12. Welche Anordnung von Parkplätzen ist auf einer Länge von 100 Metern platzsparender?
a) A
b) B
c) beide gleich

8. Aufgabe a)

Der Druck rechts, also im Außenraum, ist offensichtlich kleiner als der Druck im linken, geschlossenen Teil des U-Rohres. Daher herrscht außen ein Unterdruck. (Unter der Annahme, dass das U-Rohr bei Normaldruck hergestellt und gefüllt wurde.)

9. Aufgabe b)

Die übertragene Wärmemenge hängt u. a. von der Oberfläche des Körpers ab. Je größer die Körperoberfläche, desto mehr Wärmeabgabe.

10. Aufgabe a)

Steigender Druck hebt den Kolben mit der Zahnstange. Das kleine Ritzel dreht sich im Uhrzeigersinn, die Scheibe mit dem montierten Zeiger daher gegen den Uhrzeigersinn.

11. Aufgabe a)

Die Größe der Lautsprecherfläche ist ausschlaggebend. Wegen der niedrigen Frequenz hat die Luft bei kleiner Lautsprecherfläche genügend Zeit, einen Druckausgleich durch Umströmen des Lautsprechers herzustellen. Dieser Druckausgleich findet nahe am Lautsprecher statt, sodass in der Ferne keine Luftbewegung mehr stattfindet. Eine physikalisch genauere Erklärung ist diese:

Tiefe Töne haben wegen der niedrigen Frequenz eine große Wellenlänge. Das gegebene Problem ist physikalisch mit folgendem Problem äquivalent: Eine ebene Schallwelle trifft auf eine unendlich ausgedehnte Wand mit einem Loch der Form A, B oder C. Welches Loch lässt die Schallwelle am besten durch? In diesem Fall wird die Schallwelle durch Beugung umso stärker geschwächt, je kleiner das Loch ist. Dies gilt besonders dann, wenn das Loch kleiner ist als die Wellenlänge.

12. Aufgabe b)

In beiden Fällen sind die Parkplatztrennlinien parallel zueinander und haben den gleichen Abstand. Der Abstand ist senkrecht zu den Parkplatztrennlinien zu messen. Im Fall A schneidet die Bordsteinkante die Trennlinien unter einem Winkel, sodass die Schnittpunkte weiter auseinanderliegen als im Fall B.

Textaufgaben Technik

Neben den Bildaufgaben zum technischen Verständnis gibt es auch Textaufgaben zu diesem Aufgabentyp. Grundsätzlich ist hier eine gute Kenntnis von physikalischen Grundlagen und Gesetzen von Vorteil. Aus diesem Grund haben wir hier einige Aufgaben abgedruckt und erklärt. Lernen Sie durch Übung und beachten Sie die Auflistung dieser Gesetze im Anhang ab Seite 228.

1. Aufgabe Woraus besteht ein Schwingkreis?

a) Kondensator und Spule
b) Wechselstromwiderstand und Spule
c) Kondensator und Gleichstromwiderstand
d) Transistor und Spule

2. Aufgabe Wovon hängt die Induktivität einer Spule ab?

a) von der Spannung
b) vom Widerstand des Drahtes
c) von der Beschaffenheit des Kernmaterials
d) vom Durchmesser der Spule

3. Aufgabe Die Kapazität eines Kondensators wird vergrößert. Wie verhält sich der Wechselstromwiderstand?

a) Der Wechselstromwiderstand wird größer
b) Der Wechselstromwiderstand wird kleiner
c) Es ändert sich nichts

Lösungen

1. Aufgabe a)

Kondensator und Spule werden benötigt. Der Kondensator kann Spannung »speichern«, indem er ein elektrisches Feld aufbaut. Die Spule kann Strom »speichern«, indem sie ein Magnetfeld aufbaut. Die Schwingung kommt durch wechselweise Umwandlung des Stroms in Spannung im Kondensator und der Spannung in Strom in der Spule zustande.

2. Aufgabe c)

Die relative Permeabilität des Kernmaterials m beeinflusst die Induktivität einer Spule. Die Induktivität der Spule ist eine Eigenschaft der Spule, nicht der angelegten Spannung. Der ohmsche Widerstand des Spulendrahtes beeinflusst zwar die Qualität der Spule, nicht jedoch die Induktivität. Die Induktivität hängt u.a. noch vom Spulenquerschnitt ab. Da dieser aber nicht notwendigerweise rund ist, ist Antwort d) (Durchmesser) ebenfalls unsinnig.

3. Aufgabe b)

Größere Kapazität bedeutet, dass der Kondensator bei gleicher Spannung mehr Ladung speichern kann. Anders: Bei gleicher aufgenommener Ladungsmenge entsteht eine geringere Gegenspannung. Der Wechselstromwiderstand wird geringer. Merkhilfe: Bei unendlicher Kapazität kann beliebig viel Strom in den Kondensator hineinfließen, ohne dass sich eine Spannung dagegen aufbaut. Der Wechselstromwiderstand wäre in dem Fall 0.

4. Aufgabe Welche Spannung liegt an der Autozündkerze an?

a) 12 V
b) 15 000 V
c) 120 V
d) 24 V

5. Aufgabe Einordnen nach spezifischem Gewicht, beginnend mit dem leichtesten:

a) Titan, Kupfer, Aluminium, Stahl
b) Kupfer, Stahl, Titan, Aluminium
c) Stahl, Kupfer, Titan, Aluminium
d) Aluminium, Titan, Stahl, Kupfer

6. Aufgabe Die Differenz zwischen Blitz und Donner beträgt 13 Sekunden. Wie weit ist das Gewitter entfernt?

a) $\frac{1}{2}$ km
b) 12 km
c) 2 km
d) 4 km

7. Aufgabe In einem Kettenkarussell sitzen eine schwere und eine leichte Person. Wer wird weiter hinausgetragen?

a) beide gleich
b) die leichte Person
c) die schwere Person

4. Aufgabe b)

Ausschlussverfahren: Keine der anderen zur Auswahl stehenden Antworten stellt eine ausreichende Spannung dar, um einen Luftdurchbruch über ca. 1 mm Distanz auszulösen. Auch 120 V reichen dafür nicht aus, andernfalls wäre bereits das amerikanische Stromsystem (110 V) viel zu gefährlich. Die angegebenen 15 000 V können übrigens nur einen groben Wert darstellen, da der reale Wert von der Gasmischung sowie von Form und Abstand der Elektroden abhängt.

5. Aufgabe d)

Dichte der angegebenen Metalle (alle in $10^3\ \frac{kg}{m^3}$, entsprechend $\frac{g}{cm^3}$): Aluminium 2 707, Titan 4 540, Eisen 7 897, Kupfer 8 954. Da Stahl im Wesentlichen aus Eisen besteht, wurde hier der entsprechende Wert angegeben.

6. Aufgabe d)

Schallgeschwindigkeit in Luft bei 10 °C: 338 $\frac{m}{s}$. Also in 13 Sekunden etwas weniger als 4,5 Kilometer.

7. Aufgabe a)

Für den Winkel, um den eine Person nach außen getragen wird, gilt: Er hängt vom Verhältnis der Zentrifugalkraft zur Gewichtskraft ab. Sowohl Zentrifugalkraft als auch Gewichtskraft sind proportional zur Masse des Körpers. Für das Verhältnis der Kräfte ist also die Masse unerheblich. Genauer gilt:

$$\tan\alpha = \frac{F_z}{G} = \frac{m \cdot \omega^2 \cdot r}{m \cdot g} = \frac{\omega^2 \cdot r}{g}$$

Dabei ist F_Z die Zentrifugalkraft und G die Gewichtskraft. Um die Abhängigkeit der Zentrifugalkraft von der Rotationsgeschwindigkeit brauchen wir uns hier nicht zu kümmern, da beide Personen die gleiche Winkelgeschwindigkeit erfahren.

8. Aufgabe Vorteile des V-Motors gegenüber dem Reihenmotor:

a) mehr Leistung
b) höheres Drehmoment
c) kürzere Bauweise
d) günstigerer Verbrauch

9. Aufgabe Zwei gleiche Pendel werden verschieden weit ausgelenkt. Welches der Pendel schwingt schneller?

a) beide gleich
b) das weniger weit ausgelenkte
c) das weiter ausgelenkte

10. Aufgabe Wie oft dreht die Kurbelwelle eines 8-Zylinder-4-Takt-Motors, bis alle Zylinder einmal gezündet haben?

a) 1 Umdrehung
b) 2 Umdrehungen
c) 4 Umdrehungen
d 8 Umdrehungen

11. Aufgabe Wie viele Ventile hat ein normaler 4-Zylinder-4-Takt-Motor?

a) 8
b) 24
c) 4
d) 2

12. Aufgabe Ein Großkreis ist ein Kreis auf der Kugeloberfläche, dessen Mittelpunkt mit dem Kugelmittelpunkt identisch ist. Wie viele Großkreise gibt es?

a) 360
b) 1
c) 180
d) mehr als 360

8. Aufgabe c)

Bei Beibehaltung aller übrigen Parameter (z. B. Kolbenhub, Zylinderdurchmesser, Verdichtung usw.) ändert sich nur die Länge des Motors, da beim V-Motor die Zylinder in zwei Reihen angeordnet werden können.

9. Aufgabe a)

Die Schwingungsdauer eines Pendels ist unabhängig von der Auslenkung, da die rücktreibende Kraft (annähernd) proportional zur Auslenkung ist. Dies gilt genau genommen nur, solange die Pendelauslenkung nicht groß wird. Bei sehr großer Auslenkung schwingt das Pendel langsamer. Wir müssen uns also bei der Aufgabenstellung die implizite Annahme einer geringen Pendelauslenkung dazudenken.

10. Aufgabe b)

Die Zahl der Zylinder spielt dabei im Prinzip keine Rolle. Jeder Zylinder eines Viertaktmotors wird einmal in zwei Umdrehungen gezündet. (Eine Umdrehung wird für Ausstoß und Ansaugen gebraucht, die zweite für Verdichtung und Arbeitstakt.)

11. Aufgabe a)

Zwei Ventile pro Zylinder reichen (Ansaugventil und Auspuffventil).

12. Aufgabe d)

Es gibt unendlich viele Großkreise auf einer Kugel. Bereits alle möglichen Meridiane der Erdkugel sind unendlich viele, da ja nicht nur ganzzahlige Meridiane gezählt werden müssen. Großkreise müssen aber nicht zwingend die Erdachse schneiden, woraus sich unendlich viele weitere Möglichkeiten ergeben.

Anhang

Testtraining Bewertungsbogen

Mithilfe dieses Ergebnisbogens können Sie Ihre Trainingsleistungen kontrollieren und auswerten. Die im Buch gestellten Aufgaben sollten zu mindestens 83 % richtig gelöst werden, um Eignungs- und Einstellungstests sicher zu bestehen.

In der Spalte »Sollwert« können Sie eintragen, wie viele Aufgaben Sie lösen müssen, um auf 83 % zu kommen.

Test	**Sollwert**	**1. Tag**	**2. Tag**	**3. Tag**	**4. Tag**	**5. Tag**
	Datum					

Tragen Sie dann die gelösten Aufgaben in den Auswertungsbogen ein und vergleichen Sie das Ergebnis mit dem Sollwert. Durch dauerhafte Eintragungen und regelmäßiges Üben lässt sich so ein Lernerfolg leicht ablesen.

6. Tag	**7. Tag**	**8. Tag**	**9. Tag**	**10. Tag**	**11. Tag**	**12. Tag**	**13. Tag**	**14. Tag**

Schlusswort

»Vielleicht sollten die Tests und Untersuchungen einmal bei denen durchgeführt werden, die sie veranlassen.«
Ein Getesteter

»Wenn wir vor der Aufgabe stehen, über einen Mitmenschen ein psychologisches oder charakterologisches Gutachten auszuarbeiten, übernehmen wir eine riesige Verantwortung. Denn angenommen, wir beurteilen diesen Menschen falsch, dann tun wir ihm ebenso Unrecht, als wenn wir ein Attentat auf ihn ausführten.«
Hans Zulliger (Schweizer Psychologe und Pädagoge)

Wir hoffen, Ihnen mit den Lösungswegen des »Testknackers« mehr Sicherheit und Gelassenheit für zukünftige Eignungs- und Einstellungstests vermittelt zu haben. Bei aller notwendigen Anpassungsleistung, die jede Prüfungssituation immer mit sich bringt, bedenken Sie jedoch bitte Folgendes:

Wir sind nicht auf der Welt, um so zu sein, wie andere uns haben wollen.

Versuchen Sie, auch wenn Sie die Testsituation nicht so bewältigt haben, wie Sie es sich wünschten, sich als Gewinner zu betrachten: Sie haben nicht gekniffen, sondern sich der Situation gestellt. Sie haben Erfahrungen gesammelt, die Sie nutzen werden, und wer weiß, was Ihnen bei diesem Arbeitgeber, dieser Arbeitsaufgabe erspart geblieben ist.

Auf den folgenden Seiten finden Sie noch mal eine Zusammenfassung gängiger mathematischer und physikalischer Formeln / Gesetze. Diese sind grafisch so gestaltet, dass Sie sie einfach heraustrennen und zu Ihren Einstellungstests / Prüfungen mitnehmen können. Sollten Sie in der Aufregung Teile einmal vergessen, haben Sie immer ein kleines Nachschlagewerk dabei. Und sollten Sie es nicht benötigen, so beruhigt es zumindest das Gewissen … Wir wünschen Ihnen, dass Sie nicht darauf zurückgreifen müssen!

Testwissen Mathematik Kompakt

Potenzgesetze

$a^x a^y = a^{x+y}$

$\frac{1}{a} = a^{-1}$

$(a^x)^y = a^{xy}$

$\sqrt[n]{a} = a^{\frac{1}{n}}$

$a^x b^x = (ab)^x$

Irgendeine Zahl hoch 0 ist immer 1.
Ausnahme: 0^0 ist nicht definiert.

kgV und ggT

Das kleinste gemeinsame Vielfache gegebener Zahlen ist die kleinste von Null verschiedene Zahl, die durch alle gegebenen Zahlen teilbar ist. Das kgV ermittelt man mithilfe einer Primfaktorzerlegung: Es ist das Produkt aller auftretenden Primfaktoren in ihrer höchsten Potenz:

Der größte gemeinsame Teiler gegebener Zahlen ist die größte Zahl, die alle gegebenen Zahlen teilt. Auch den ggT ermittelt man mithilfe der Primfaktorzerlegung: Der ggT ist das Produkt der Primfaktoren, die alle Zahlen gemeinsam haben, in ihrer niedrigsten Potenz.

Multiplikation und Division von Brüchen

Bruchzahlen werden multipliziert, indem man die Zähler und Nenner je miteinander multipliziert. Anschließend muss der Bruch gekürzt werden.

Zwei Brüche werden dividiert, indem man die erste Bruchzahl mit dem Kehrwert der zweiten Bruchzahl multipliziert. Auch hier wird der Bruch anschließend wieder gekürzt.

Prozentrechnung

Berechnen Sie den Grundwert/Prozentwert/Prozentsatz:

$$\frac{W}{P} = \frac{G}{100}$$

(W – Prozenwert, G – Grundwert,
P – Prozentwert)

Berechnen Sie den vermehrten/verminderten Grundwert. Bei diesen Aufgaben soll auf den Grundwert ein bestimmter Prozentsatz des Grundwertes aufgeschlagen beziehungsweise abgezogen werden. Zur Berechnung dient folgende Gleichung:

$$g = G \cdot \left(\frac{100 \pm p}{100}\right)$$

Zinsrechnung

Zum Lösen von Textaufgaben zur Zinsrechnung benötigt man einige Formeln, die fest vorgeschrieben sind. Zur »Auffrischung« einige Grundbegriffe:

Z – Zinsen, K – Kapital, p – Zinssatz,
t – Zeit in Tagen, m – Zeit in Monaten

Jahreszinsen	$Z = \frac{K \cdot p}{100}$
Monatszinsen	$Z = \frac{K \cdot p \cdot m}{100 \cdot 12}$
Tageszinsen	$Z = \frac{K \cdot p \cdot t}{100 \cdot 360}$

Zu beachten: Im deutschen Bankwesen gilt:
1 Jahr = 360 Tage
1 Monat = 30 Tage

Volumen

Würfel:	$V = a^3$
Quader:	V = Höhe · Breite · Länge
Quadratische Pyramide:	$V = \frac{1}{3}$ · Grundfläche · Höhe
Zylinder:	$V = \pi \cdot \text{Radius}^2 \cdot \text{Höhe}$
Kegel:	$V = \frac{\pi}{3} \cdot \text{Radius}^2 \cdot \text{Höhe}$
Kugel:	$V = \frac{4}{3} \cdot \pi \cdot \text{Radius}^3$

Flächeninhalte

Quadrat:	$A = a^2$
Rechteck:	A = Länge · Breite
Parallelogramm:	A = Grundseite · Höhe
Dreieck:	$A = \frac{1}{2}$ · Grundseite · Höhe
Kreis:	$A = \pi \cdot \text{Radius}^2$

Satz des Pythagoras

In einem rechtwinkligen Dreieck gilt der Satz des Pythagoras: $a^2+b^2=c^2$ oder anders geschrieben:

$(\text{Kathete 1})^2+(\text{Kathete 2})^2=(\text{Hypotenuse})^2$

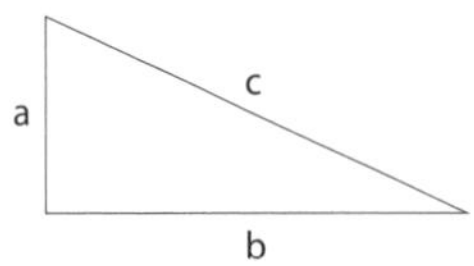

Weitere Hilfen

- Ein Parallelogramm ist ein Viereck mit jeweils zwei parallelen Seiten.
- Eine Raute ist ein Viereck mit vier gleich langen Seiten. Die Diagonalen der Raute schneiden sich immer rechtwinklig.
- Der Kreisumfang wird wie folgt berechnet: $U=2\cdot\pi\cdot r$ (r = Radius)
- Die Oberfläche einer Kugel wird wie folgt berechnet: $O=4\cdot\pi\cdot r^2$ (r = Radius)

Massen-, Dichte- und Volumenberechnung

Masse m = Dichte ρ · Volumen V

Berechnungen von Bewegungen

Bewegungen lassen sich physikalisch durch die folgenden Grundgleichungen beschreiben:

$$s=v\cdot t \quad\Leftrightarrow\quad v=\frac{s}{t} \quad\Leftrightarrow\quad t=\frac{s}{v}$$

$$v=a\cdot t \quad\Leftrightarrow\quad a=\frac{v}{t} \quad\Leftrightarrow\quad t=\frac{v}{a}$$

s – Weg

v – Geschwindigkeit

t – Zeit

a – Beschleunigung

Einheiten

Geschwindigkeit: 1 m/s = 3,6 km/h

Weg: 1 m = 10 dm = 100 cm = 1 000 mm = 0,001 km

Zeit: 1 h = 60 min = 3 600 s

Beschleunigung: 1 m/s²

Großes 1x1

·	11	12	13	14	15	16	17	18	19	20	21	22	23	24	25
11	**121**	132	143	154	165	176	187	198	209	220	231	242	253	264	275
12	132	**144**	156	168	180	192	204	216	228	240	252	264	276	288	300
13	143	156	**169**	182	195	208	221	234	247	260	273	286	299	312	325
14	154	168	182	**196**	210	224	238	252	266	280	294	308	322	336	350
15	165	180	195	210	**225**	240	255	270	285	300	315	330	345	360	375
16	176	192	208	224	240	**256**	272	288	304	320	336	352	368	384	400
17	187	204	221	238	255	272	**289**	306	323	340	357	374	391	408	425
18	198	216	234	252	270	288	306	**324**	342	360	378	396	414	432	450
19	209	228	247	266	285	304	323	342	**361**	380	399	418	437	456	475
20	220	240	260	280	300	320	340	360	380	**400**	420	440	460	480	500
21	231	252	273	294	315	336	357	378	399	420	**441**	462	483	504	525
22	242	264	286	308	330	352	374	396	418	440	462	**484**	506	528	550
23	253	276	299	322	345	368	391	414	437	460	483	506	**529**	552	575
24	264	288	312	336	360	384	408	432	456	480	504	528	552	**576**	600
25	275	300	325	350	375	400	425	450	475	500	525	550	575	600	**625**

Testwissen Physik Kompakt

Mechanik

Dichte	$\rho = \frac{m}{V}$	ρ m V	Dichte ($kg/dm^3 = kg/\ell = g/cm^3$) Masse (kg) Volumen ($\ell$, dm^3, cm^3)
Kraft	$F = m \cdot a$	F m a	Kraft ($N = kg \cdot m/s^2$) Masse (kg) Beschleunigung (m/s^2)
Gewicht	$F_g = m \cdot g$	F_g m g	Kraft ($N = kg \cdot m/s^2$) Masse (kg) Erdbeschleunigung (m/s^2)
Impuls	$P = m \cdot v$	p m v	Impuls ($kg \cdot m/s$) Masse (kg) Geschwindigkeit (m/s)
Kinetische Energie	$E_{kin} = \frac{1}{2} m \cdot v^2$	E m v	Energie ($J = Nm = kg \cdot m^2/s^2$) Masse (kg) Geschwindigkeit (m/s)
Lageenergie (potenzielle Energie der Lage)	$E_{pot} = m \cdot g \cdot h$	E m g h	Energie ($J = Nm = kg \cdot m^2/s^2$) Masse (kg) Erdbeschleunigung (m/s^2) Höhe (m)
Arbeit	$W = F \cdot s$	W F s	Arbeit ($J = Nm = kg \cdot m^2/s^2$) Kraft ($N = kg \cdot m/s^2$) Strecke (m)
Leistung	$P = \frac{W}{t}$	P W t	Leistung ($W = J/s = kg \cdot m^2/s^3$) Arbeit ($J = Nm = kg \cdot m^2/s^2$) Zeit (s)
Druck	$p = \frac{F}{A}$	p F A	Druck (1 bar = 10^5 Pa = $10^5 N/m^2$) Kraft ($N = kg \cdot m/s^2$) Fläche (m^2)
Weg-Zeit-Gesetz bei konstanter Geschwindigkeit	$s = v \cdot t$	s v t	Weg (m) Geschwindigkeit (m/s) Zeit (s)
Weg-Zeit-Gesetz bei konstanter Beschleunigung	$s = \frac{1}{2} a \cdot t^2$	s a t	Weg (m) Beschleunigung (m/s^2) Zeit (s)

Kraft F

… ist Ursache dafür, dass ein Körper seinen Bewegungszustand ändert. (Einheit wird in Newton angegeben: $1\ N = 1\ kg \cdot m/s^2$)
Wirkt auf einen Körper der Masse m eine Kraft F, so erfährt dieser Körper eine Beschleunigung. Es gilt dann die Grundregel der Mechanik:

$F = m \cdot a$
F = Kraft, m = Masse, a = Beschleunigung

Ein Körper übt aufgrund seiner Masse immer eine Kraft, die sogenannte Gewichtskraft, Richtung Erde aus (F_G). Diese lässt sich wie folgt berechnen:

$F_G = m \cdot g$
m = Masse, g = Ortsfaktor,
Erde: ∅ 9,81 N/kg = 9,81 m/s^2
(Erdbeschleunigung)

Impuls p

Ein Impuls p ist das Produkt aus Masse m und Geschwindigkeit v:

$p = m \cdot v$ (Einheit: $kg \cdot m/s$)

Drehmoment M

Produkt aus Kraftbetrag F und Hebelarm s:

$M = F \cdot s$ (Einheit: Newtonmeter Nm)

An einem Hebel herrscht Gleichgewicht, wenn die Summe aller rechtsdrehenden Drehmomente gleich der Summe aller linksdrehenden Drehmomente ist.

Arbeit W

Die mechanische Arbeit W ist das Produkt aus einer Kraft F und einem Weg s, in dessen Richtung die Kraft wirkt:

$W = F \cdot s$ (Einheit: Joule J = Nm)

Leistung drückt aus, wie schnell eine mechanische Arbeit verrichtet werden kann:

$P = \frac{\text{Arbeit W}}{\text{Zeit t}}$ (Einheit: Watt W)

Elektrische Regeln

Ohmsches Gesetz	$U = R \cdot I$	U	elektr. Spannung (V)
		R	ohmscher Widerstand (Ω)
		I	elektr. Stromstärke (A)
Elektrische Leistung	$P = U \cdot I$	P	elektr. Leistung ($W = V \cdot A$)
		U	elektr. Spannung (V)
		I	elektr. Stromstärke (A)
Elektrische Arbeit	$W = U \cdot I \cdot t$	W	elektr. Arbeit (Einheit: Wattsekunde)
		U	elektr. Spannung (V)
		I	elektr. Stromstärke (A)
		t	Zeit
Seriell geschaltete Widerstände		R_{ges}	Gesamtwiderstand (Ω)
$R_{ges} = R_1 + R_2 + \ldots$		R_1, R_2	Widerstände (Ω)
Parallel geschaltete Widerstände		R_{ges}	Gesamtwiderstand (Ω)
$\frac{1}{R_{ges}} = \frac{1}{R_1} + \frac{1}{R_2} + \ldots$		R_1, R_2	Widerstände (Ω)
Wellenlänge	$\lambda = \frac{c}{f}$	λ	Wellenlänge (m)
		c	Ausbreitungsgeschwindigkeit ($\frac{m}{s}$)
		f	Frequenz ($Hz = \frac{1}{2}$)
Transformator	$\frac{U_p}{U_s} = \frac{N_p}{N_s}$	U_p	Primärspannung (V)
		U_s	Sekundärspannung (V)
		N_p	Anzahl der Wicklungen Primärseite
		N_s	Anzahl der Wicklungen Sekundärseite
	$U_p \cdot I_p = U_s \cdot I_s$	I_p	Stromstärke (A) Primärseite
		I_s	Stromstärke (A) Sekundärseite

Stromstärke I

…bezeichnet die Ladung Q, die in einer Zeit t durch einen elektrischen Leiter fließt:

$I = \frac{Q}{t}$ (Einheit: Ampere)

Spannung U

…ist die Potenzialdifferenz zwischen den beiden Polen eines Stromkreises. Sie gibt an, welche Arbeit nötig ist, um die Ladung Q von dem einen Kontaktpunkt zu dem anderen Kontaktpunkt zu transportieren. Sie ist die Ursache des elektrischen Stroms. U definiert sich als Quotient aus der Leistung P der Quelle, die zum Antreiben der Elektrizität nötig ist, und der Stromstärke I:

$U = \frac{P}{I} = \frac{W}{Q}$ (Einheit: Volt V)

Widerstand R

Der Widerstand R gibt an, welche Spannung man beispielsweise an ein elektrisches Gerät legen muss, um einen Strom I durch das Gerät zu erhalten. R ist der Quotient aus Spannung U und Stromstärke I:

$R = \frac{U}{I}$ (Einheit: Ohm Ω)

Elektrische Leistung P

Die elektrische Leistung P eines elektrischen Verbrauchers ergibt sich aus der verrichteten elektrischen Arbeit pro Zeiteinheit. Nach den obigen Definitionen kann man Leistung als Produkt von Stromstärke und Spannung ausdrücken.

$P = \frac{W}{t} = \frac{Q \cdot U}{t} = \frac{I \cdot t \cdot U}{t} = U \cdot I$ (Einheit: Watt W)

Notizen

Notizen

Notizen

Notizen

Notizen